와인집을 가다

와인집을 가다

지은이 박미향
펴낸이 안용백
펴낸곳 (주)도서출판 넥서스

초판 1쇄 발행 2009년 12월 25일
초판 3쇄 발행 2010년 1월 5일

출판신고 1992년 4월 3일 제311-2002-2호
121-840 서울시 마포구 서교동 394-2
Tel (02)330-5500 Fax (02)330-5555
ISBN 978-89-6000-749-9 13570

www.nexusbook.com
넥서스BOOKS는 (주)도서출판 넥서스의 실용 브랜드입니다.

와인집을 가다

향긋한 와인과 요리,
매혹적인 분위기에 취하다

박미향 글·사진

넥서스BOOKS

"와인은 슬픈 사람을 기쁘게 하고, 오래된 것을 새롭게 하고,
싱싱한 영감을 주며, 일의 피곤함을 잊게 만든다."
_바이런

Prologue

지금 필요한 책인가? 누구를 위한 책일까? 인쇄를 코앞에 두고도 이런 고민들이 머리를 맴돌았다. 첫 번째 책《그곳에 가면 취하고 싶다》(2005)나 두 번째 책《박미향 기자, 행복한 맛집을 가다》(2007) 때와는 달랐다. 첫 번째 책은 연재물 '박미향 기자의 술 익는 풍경'을 묶은 것이었다. 그저 술꾼들을 위한 소박한 안내서였다. 두 번째 책은 '맛집'이라는 이름을 달고 있었지만 내용은 다양한 이국의 맛을 선보이는 책으로, 우즈베키스탄, 아랍, 프랑스, 일본 등 색다른 맛에 대한 호기심이 많은 이들을 위한 책이었다.

이 책은 와인이 화두다. 와인만 있는 집, 와인과 즐길 수 있는 음식이 있는 집, 독특한 분위기와 와인이 있는 집 등을 엮었다. 2007년 한겨레신문 주말 섹션 〈ESC〉에 연재했던 '박미향 기자 와인집을 가다' 때문에 세상에 나오게 된 책이다. 하지만 책으로 엮기까지는 2년이라는 시간이 걸렸다. 내 게으름 때문이기도 했지만 '이 책을 내야 할까?'라는 생각 때문에 '진도'를 나가기 힘들었다. 왜?

첫 번째 이유는 나와 어딘가 어울리지 않는다는 느낌 때문이었다. 와인 세계에서 유명세를 타고 있는 집이지만 홀짝 와인 병을 기울이다 보면 주머니가 어느새 헐거워져 있다. 그만큼 와인 가격이 비쌌다. 그런 이유로 그 집들에서 한 병 이상 마시지 못한 기억이 있다. 원 없이 한번 마셔보지 못했다. 다른 이들이 이 책을 들고 그 집들을 찾았다가 혹여 나와 같은 허탈함을 가슴에 담고 문을 나설까 걱정이 되었다.

두 번째는 '와인' 때문이었다. 내가 즐겨먹는 술은 듣기만 해도 무시무시한 술, 폭탄주다. "죽도록 좋아하는 술이 와인이에요."라고 자신 있게 말할 수 없었다. 하지만 폭탄주 10잔보다 더 무시무시하게 나를 점령하는 술이 와인이다. 그래서 때론 와인이 무섭기도 하다. 오래전 호기심으로 와인을 처음 마셨을 때를 잊을 수가 없다. 풀 바디의 진한 와인을 벌컥벌컥 무식(?)하게 마셨더랬다. 잘못된 음주 습관 때문이었다. 다음날 누군가 도끼로 머리를 내리찍는 것 같았다. 하지만 묘하게도 자주 즐기지는 못하지만 와인에 애정이 조금씩 커져갔다.

사귀면 사귈수록 끊임없이 색다른 모습을 보여줘서 지루하지 않은 애인, 예술적인 감성이 뛰어난 친구, 예민해서 언제나 보호해주고 싶은 마음이 드는 친구 같았다. 아름다운 라벨을 보면 맛을 보지 않아도 흐뭇했다. 〈피노〉의 주인장은 "평생 마실 술을 다 마신 듯"했는데 그래도 술을 인생에서 뺄 수 없어서 와인을 찾았다고 한다. 적은 양으로 취기가 주는 안락함을 적당히 얻을 수 있는 술이 와인이라고 그는 말했다. 그와 비슷한 생각이 들었다. 여름날 청량한 화이트 와인의 맛이란!

이곳에 소개한 곳들은 '와인', '와인' 하던 시절, 도대체 그 술은 어떤 맛일까, 어떤 속내를 가진 술일까 궁금해서 찾은 집들이다. 하지만 궁금증은 여전히 해갈을 하지 못했다. 알면 알수록, 맛보면 맛볼수록 '어렵다'는 느낌이 들었다. 그저 힘겨운 세상살이 토닥거려줄 술이 이렇게 어려워도 되나 싶은 아니꼬운 마음도 들었다. 아마도 나와 비슷한 생각을 가진 이들이 있으리라.

이렇게 개운하지 않은 마음들이 송골송골 맺히는 데 책을 출판해도 되는 것일까! 하지만 책은 이렇게 나오게 되었다. 2007년, 출판사와 한 약속을 지키고 싶었다. 약속은 지키되 고민의 무게를 조금 가볍게 하기 위해 처음 전문 와인바만 소개하려던 내용을 바꿔서 와인이 있는 맛집들을 추가로 넣었다. 한식, 이탈리아음식, 피자와 파스타가 있는 집들. 그것이 조금은 위안이 되었다. 마지막 교정지를 보면서 작은 보람도 생겼다. 맛집들이란 주인장의 삶의 궤적을 담지 않을 수 없다. 이 책에 소개된 집들의 주인들은 한결같이 '변화'를 내 것으로 만든 이들이다. IMF 때 회사를 나와서 와인 세계에 들어선 사람, 엘피 음반 시장이 죽으면서 와인 세계에 들어선 사람, 클래식 연주자로 활동하다가 음식에 빠져 인생의 길을 바꾼 사람 등 음식과 와인 때문에 가던 길을 돌아선 이들이었다. 그들이 용감해 보였다.

　그 용감함이, 지쳐서 축 처진 어깨를 가슴에 둘러메고 집에 들어설 때 힘이 되었다. 이 책을 출간하면서 가장 뼈아프게 아쉬움이 남는 것은 더 열심히 발로 뛰어서 더 소박하고 가벼운 집들을 발굴하지 못한 점이다. 살살이 걸어 다니면 발견하기 마련이다. 넓은 아량 부탁드린다.

　늙을수록 혼자 가도 내 집처럼 느껴지는 맛난 곳 하나 가슴에 품고 사는 것이 좋지 않을까! 그냥 '솔직한 나'를 위로받을 수 있는 곳 말이다. 혹시 이 집들 가운데 당신의 '그곳'이 생긴다면 너무 기쁠 것 같다. 이곳에서 사랑을 키워 자신의 잃어버린 반쪽을 찾는다면 더욱 기쁠 것 같다.

　마지막으로 부족한 나를 언제나 애정 어린 시선으로 지켜주는 직장 선후배, 동료들과 친구들, 가족과 소중한 준에게 고마움을 전한다. 생각지도 못한 운명을 내 인생에 던져주고 부족한 점을 알게 하고 그것을 해결하려는 의지를 세우도록 채찍질해주는 '신'께도 두 손 모아 감사를 보낸다.

2009년 12월
박미향

Contents

PART 3
달콤한 향과 독특한 분위기에 취하다

PART 1
알싸한 향과 붉은 빛 유혹에 빠지다

한 잔의 와인만으로도 더 없이 행복해지는 곳이 있다. 때로 답답한 일상에서 벗어나 일탈을 즐기고 싶다면 특별한 '와인'이 가득한 곳으로 가보라.

로 보 | 몽 리 | 라 운 지 바 1 5 3 | 베 레 종 | 뱅 가 | 빠 송 | 사 이 드 웨 이 | 아 쏠 | 피 노 | 헤 븐

진한 음악에
취해

와인을

만나다

LOVO
로보

01

사랑은 우리 인생에서 결코 놓칠 수 없는 '무엇'이다. 창조의 세계에서 날갯짓 하는 예술가는 자신의 창조 작업을 위해 사랑을 꼭 붙잡으려고 한다. 이 독특한 재료는 지구에 없는 것을 만들어 사람들에게 눈물과 감동을 선사한다.

평범한 우리들은 어떠한가? 그 누구의 삶에도 한 번쯤은 자신을 송두리째 흔들어버리는 사랑이 찾아오기 마련이다. 술보다 인생을 더 취하도록 만드는 것이 사랑이다. 소심해서 꾸물거리거나 자신만만하게 호기를 부리다가는 놓친다. '다시 오겠지' 하고 위로를 하는 이도 있지만, 사랑은 정해진 시각에 도착하는 기차가 아니다. 하늘과 땅이 허락한 그 짧은 순간(타이밍)을 놓치면 절대로 다시 오지 않는다. 우리 삶에 찾아온 사랑을 예술가들처럼 잘 맞이해야만 내 인생도 예술작품이 된다.

서울 서교동 홍익대학교 정문 맞은편 놀이터 근처에 있는 와인바 〈로보〉의 주인 최동녘(37) 씨는 이 사랑을 자신의 삶에 잘 '사용'하는 이다. 오죽하면 자신의 와인가게 이름을 '러브(LOVE)'에서 찾았을까! 그는 '러브'가 자연스럽게 생각나는 '로보'의 어감이 좋아서 와인바 이름을 '로보'로 정했다고 한다.

2003년 11월에 문을 연 이곳은 처음에는 칵테일만을 만드는 곳이었다. 당시 이 집의 인기 칵테일은 모히토(MOJITO)였다. 6년 전 '야간 주류문화' 세계에서 모히토는 널리 알려진 술이 아니었다고 한다. 그래서 최 씨 스스로 적극적으로 사람들에게 알리려고 노력했다. 그의 철학은 '로보'의 칵테일을 세상에 알리는 것이다. 어쩌면 그는 주류(?) 아티스트일지도 모른다. 하하하하! 실제 그는 그래픽디자이너로도 활동하고 있다. 밤낮을 가리지 않는 아티스트인 것이다. 한양대학교 영화연출학교를 졸업하고 미국 유학길에서 디자인으로 전공을 바꿨다. 그 아티스트가 조금씩 와인을 사랑하게 되면서 몇 년 전부터 차림표에 와인이 등장하기 시작했다.

그는 와인 한 병을 고를 때도 바텐더와 여러 번 맛본 후에 결정한다. 자의 반 타의 반 술을 오랫동안 많이 마셔서 술맛에 관해선 타고난 감별능력이 있다고 자부한다. 온종일 와인을 마셔서 저녁때는 입 안이 얼얼한 적도 많았다고 하니 더 말해 무엇 하겠는가.

그가 고른 와인은 약 2, 30여 병이다. 이 와인들은 섬세한 와인을 찾거나 이미 와인의 세계에 푹 빠져 있는 이들을 위한 것이 아니다. 이곳에 오는 이들은 나이가 많지 않은 편이다. 그래서 젊은이들을 위해 가격대비 맛있는 와인으로 골랐다. 그렇다고 아주 흔한 와인도 아니다. 주머니는 가볍지만 자신만의 세련된 감각을 유지하는 젊은이들에게 인기다. 가격은 3만 원부터 있으며 비싼 것이 10만 원이다.

특히 그는 공간에 대한 애정이 많다. 그런 이유로 〈로보〉는 예술작품 같은 소품들이 즐비하다. 건물은 한국의 유명 건축가 승효상 씨가 디자인했고, 의자와 소파 등 〈로보〉의 풍경은 'XYZ(세련된 감각으로 홍대거리에 있는 카페 등의 디자인 작업을 많이 한 디자인 그룹으로 지역에서 유명하다.)' 팀이 만들었다.

〈로보〉의 곳곳에 있는 다양한 소품에서 주인장의 남다른 감각과 사랑이 엿보인다.

갈색의 녹슨 철문과 지하로 이어지는 회색 계단은 세기말적인 분위기를 풍기지만 그 안으로 들어서면 마지막 탈출에 성공한 외계인처럼 안도감이 든다. 한쪽 벽면을 차지하고 있는 와인 책장은 뚜벅뚜벅 걸어가서 한 병 냅다 집어들고 싶은 마음이 절로 든다. 와인병 위로 뽀얗게 쌓인 먼지도 친근하다. 지하 창고 같은 서늘한 공간에서 흐느적거리는 재즈음악을 듣고 사랑하는 이와 와인잔을 부딪친다. 간간이 웃음 사이로 귓속말이 오간다. 어느새 서늘함은 사라지고 붉은 와인이 선사하는 몽롱한 사랑의 떨림만이

1 옆 테이블에 방해되지 않도록 널찍하게 정리되어 있다. 2 자연색의 의자가 편안함을 준다. 3 철제 외관와 돌계단이 묘한 조화를 이룬다.

4 와인 외에도 다양한 칵테일을 맛볼 수 있다. 5 와인병과 벽이 독특한 인테리어를 완성한다. 6 파란색이 포인트를 주어 지루함을 덜었다.

남는다.

이곳의 장점 중 하나는 와인과 칵테일을 모두 맛볼 수 있다는 점이다. 고전적이고 현대적인 칵테일들이 골고루 있어 와인이 싫은 이들도 이곳을 찾는다. 주인이 개발한 칵테일은 신기하기까지 하다. 와인이 살포시 들어간 칵테일도 많으며 샹그릴라의 맛이 독특하다. 스파클링 와인을 넣은 칵테일 등 6가지 와인 칵테일이 있다. 달콤한 와인이 색다른 맛을 느끼게 해준다.

몇 달 후면 이곳은 '보는 즐거움'뿐만 아니라 '듣는 즐거움'도 느낄 수 있는 곳이 된다. 음악에도 조예가 깊은 주인의 감성 때문이다. 디스코, 소울, 재즈 등 그가 소장한 음반이 1천여 가지가 넘는다. 우연히 이곳을 찾은 외국인들도 흘러나오는 고향의 음악에 취해 그에게 노래 이름을 물어볼 정도다. 언더그라운드에서 활동하는 실력 있는 뮤지션들의 라이브 공연도 이어질 예정이다.

와인과 함께 등장하는 먹을거리는 파스타, 피자 같은 평범한 서양식 요리다. 평일에는 안주 하나와 와인을 묶은 할인 세트메뉴도 있다. 페타치즈샐러드와 레드 와인을 한 식구처럼 묶은 것은 4만7천 원이다. 약 5~10%가 저렴하다.

최 씨가 인생에서 잡은 사랑 중 하나가 와인이다. 그는 그것을 자신만의 출렁이는 감성으로 아끼고 있다. 당신도 놓치지 마라. 때로 자신을 황량하게 만들지라도 그 모든 것이 사랑이 줄 수 있는 선물이다. 인생은 넉넉하게 지평을 넓힐 때 풍성해진다. 사랑은 언제나 좋은 재료다.

LOVO
로보

주인장이 추천하는 와인

샤토 클로리아 생 줄리앙 (Château Cloria Saint Julien France 2004)

클로리아 생 줄리앙은 풀바디(무게감이 크고)에 아로마향이 강하다. 타닌도 적당하면서 균형감이 뛰어나며 이름처럼 꽃향과 과일향이 풍성한 와인이다. 보르도 생 줄리앙의 AOC(Appellation d'Orgine Controlee, 프랑스 와인의 원산지 명칭을 통제하는 제도로, 와인병 라벨에 원산지 이름을 밝힐 수 있는 고급 와인을 일컫는다.)급이다. 세계 와인시장에서 프랑스의 그랑크뤼급(프랑스 와인 등급 중 특급 포도를 의미하며 부르고뉴 지역에서는 그랑크뤼 와인을 최고급 와인으로 여긴다.)과 같은 대접을 받는 와인이다.

차림표

와인 레드 와인이 약 20~30여 가지, 화이트 와인은 20여 가지, 스파클링 와인이 8가지가 있으며 나라별로 골고루 구비되어 있다. 가격은 3만~10만 원대이며 칵테일은 9천 원이다. 와인이 살짝 들어간 6가지 와인 칵테일도 있다.

요리 피자와 파스타. 평일에는 안주와 와인을 묶어 세트메뉴로 판매한다. 페타치즈샐러드와 레드 와인을 묶어서 4만7천 원이다.

정보

영업시간 평일 오후 6시~새벽 2시. 평일에는 전체를 빌릴 수도 있다.

위치 서울특별시 마포구 서교동 358-121, 홍대 놀이터 앞 〈파리바게트〉 옆 골목으로 쭉 내려가다가 미용실 옆 계단으로 내려가면 보인다.

전화번호 02-336-0228

망의 한마디

세련되고 문화적인 공간이다. 음악, 와인, 칵테일을 모두 즐길 수 있다. 하지만 와인이 다른 곳에 비해 다양하지 않다. 오로지 와인의 맛만 즐기고자 한다면 다른 곳으로 가는 것이 좋을 듯하다.

와인과 **요리가** 만들어낸

독특한

문화를 **즐기다**

Monlit
몽리

02

한때 〈씨네21〉 사진기자였던 한 선배가 강원도의 어느 낡은 지방 도시로 출장을 간 적이 있다. '성인영화 촬영현장'을 찾아가는 기사 취재를 위해서였다. 그의 앵글에는 붉은 조명과 살색의 달짝지근한 땀들이 찍혔다. 돌아와서 그가 내게 건넨 말은 "이 방에서 저 방으로, 저 방에서 이 방으로 옮겨 다니면서 여러 편을 찍더라."라는 소리였다. 지금은 거의 찾아볼 수 없는 모프로덕션의 영화 촬영현장이었다. 그 카메라에 담긴 배경은 침대다. 이불 색만 다른 침대. 진지하게 촬영하는 배우들과 감독에게 그 침대들은 밥벌이를 위한 중요한 장소다. 우리에게는 피곤을 풀어주는 침대가 그들에게는 직장의 노곤함이다.

그런가 하면 《침대와 책》을 펴낸 CBS 정혜윤 피디에게 침대는 책을 읽는 공간이다. 그녀는 침대에서 《조제, 호랑이 그리고 물고기들》부터 《공산당 선언》까지, 말랑말랑한 소설과 딱딱한 인문서, 오래된 고전과 가장 최근의 베스트셀러까지 읽었다고 말한다. 그녀에게 침대는 자신의 영혼을 책으로 치유하는 장이자 다시 세상으로 나갈 힘을 얻는 공간이다. 영화 〈색, 계〉에서 침대는 량차오웨이와 탕웨이가 서로의 육신을 파고드는 섹스로 고통을 이겨내는 장소다. 탕웨이의 몸 위에서 량차오웨이가 구부러질 때마다 침대는 들썩이고 출렁거린다. 그들의 아픔만큼.

이렇게 사람마다 다른 침대를 신사동 가로수길에서 만났다. 그들과 다른 또 하나의 침대 〈몽리〉. 〈몽리〉는 '내 침대'라는 뜻의 불어다. 이 이름은 프랑스 파리에서 친구가 되어 이 집을 함께 연 박승순(37) 씨와 이현아(35) 씨가 붙였다. 이들이 우리들에게 자신들의 침대 〈몽리〉를 밤마다 선물하고 있다.

와인집 〈몽리〉는 2006년 12월에 문을 열었다. 박 씨는 "당시는 와인의 문턱이 너무 높다는 생각을 했다. 맛을 보기보다는 줄줄

1화려한 병과 전등으로 포인트를 주었다. 2그림이나 사진 등 작은 소품이 〈몽리〉의 디테일을 살린다. 3밤색 테이블 위 은은한 촛불이 분위기를 고취시킨다. 4와인병을 다양하게 활용해 인테리어의 포인트로 삼았다. 5삐뚤빼뚤 적힌 칠판 글씨가 재미있다.

와인지식부터 외우는 사람들이 많았다."고 당시를 회상한다. 그
는 그것이 싫었다. 파리에서 그가 경험한 와인은 그저 '편한 술' 그
이상도 이하도 아니었다. 잔도 구별하지 않고 몇 년도 산인지도
따지지 않고 편하게 마셨다. 마치 우리 소주 같았다. 그에게 와인
은 소주 같은, 편한 침대 같은 술이었다. 이곳을 찾는 이가 자신의
집에 있는 침대처럼 편하게 생각하라는 뜻이 담겨 있다. 낯선 곳
으로 출장을 간 이들도 일을 마치고 돌아와 침대에 누울 때 가장
편하듯이 말이다.

  박 씨는 일 때문에 파리에 자주 갔다. 패션마케팅, 광고, 브랜드
네이밍, 비주얼 마케팅이 그가 하는 일이었다. 이 일들은 〈몽리〉
를 열면서 그만두었다. 먹을거리, 와인, 술과 관련된 일에 정말 재
미가 붙었고 이 재미있는 일로 독특한 문화를 만들 수 있다는 생
각이 들었다.

  처음부터 문화라는 관점으로 〈몽리〉를 생각한 것은 아니다.
그저 매일 마시는 와인의 양이 많아서 돈이 너무 들기 때문에 차
라리 내 가게를 만들어서 마시자란 생각을 하게 되었다. 그의 결
심을 도운 것이 이현아 씨였다. 그녀는 와인전문가이다. 중학교
때 아프리카로 건너갔고 파리에서 특수 분장을 공부했다. 와인에
관심이 많아서 틈틈이 프랑스의 유명한 와이너리에서 '농촌봉사
활동'도 했다. 그래서 그녀는 다양한 경험을 통해 현장에서 와인
을 익힌 와인박사다. 지금 〈몽리〉의 와인목록도 모두 그녀의 머
리에서 나왔다.

  〈몽리〉 안에는 신기한 물건들도 많다. 이 씨가 아프리카에서
어릴 때부터 모았던 것들이다. 검은 대륙의 야성이 파리의 낭만과
함께 우리를 유혹한다. 온통 낡은 것들이다. 박 씨가 파리의 벼룩
시장에서 구한 신기한 물건들도 걸려 있다. 그래서 사람들은 3년

이 다된 곳이지만 마치 10년이 넘은 집처럼 생각한다.

처음 〈몽리〉를 열었을 때 가로수길은 조용하고 한적한 곳이었다. 그들은 그보다 더 외진 곳에 가게를 열었다. 박 씨가 반한 유럽 길모퉁이 와인집처럼 만들고 싶었기 때문이다. 그에게 있어 와인집은 마치 우리네 포장마차처럼 사람들이 작은 공간에 둘러앉아 시끌벅적하게 떠드는 곳이다. 처음 인테리어 업자가 10평 남짓한 공간을 보고 고작 3개의 식탁만을 가져왔을 때 화를 내며 12개로 늘렸다. 다닥다닥 붙어 있지만 이상하게 옆 식탁이 신경 쓰이지 않는다.

조금씩 자본이 들어오면서 가로수길은 오랫동안 한 자리를 지키던 집들이 조금씩 사라지고 있다. 너무 많이 알려진 관광지가 돼버려서 오히려 '괴롭다'고 한다. 가슴 아픈 일이다. 하지만 〈몽리〉만은 그의 날 선 철학으로 지켜낼 수 있으리라. 그의 앞으로 꿈 중 하나는 와인을 직접 수입하는 것이다. 실제 가게를 운영해보니 여러 가지 문제를 알게 되었다. 정주영 회장이 차를 수출하기 위해 배를 만들었듯이 그도 이제 자신이 직접 와인을 수입할 생각이다. 또 다른 꿈은 계속 '먹을거리'가 들어간 독특한 문화공간을 만드는 것이다. 보드카 바 〈몽리2〉가 바로 그 시작이다.

〈몽리〉에 여러 번 가도 다른 와인집처럼 주인이 반갑게 맞아주지 않는다고 섭섭하게 생각하지 마라. 그가 눈이 나쁜 편이라서 사람을 잘 알아보지 못하는 점도 있지만 술은 외로운 사람이 마시는 것이라는 게 그의 지론이다. 사랑 때문이든 일 때문이든 외로운 사람이 와서 편하게 마시고 가는 곳이 〈몽리〉다. 오늘 나만의 침대를 이곳 〈몽리〉에 하나 정도 만들어두는 것도 나쁘지 않다. 누구나 버림받았을 때 찾을 곳이 필요한 법이다.

좁은 공간에 많은 테이블이 놓여 있지만 와인을 마시며
이야기를 나누기에는 불편함이 없다.

Monlit
몽리

주인장이 추천하는 와인

후안 길(Juan-Gil)

에스파냐(스페인) 후미야(Jumila) 지역에서 생산되는 와인이다. 도수는 14.5%. 모나스트렐이라는 독특한 포도품종으로 만들었다. 간단한 스낵과도 잘 어울리고 편안한 친구 같아 언제나 부담없이 즐길 수 있다고 한다. 적당히 드라이한 맛과 타닌의 조화가 훌륭한 것도 이 와인을 추천하는 이유 중 하나다.

차림표

와인 전체 120여 가지를 보유하고 있으며 6개월마다 와인목록을 바꾼다. 아무리 손님들이 많이 찾는 와인이라도 주인장이 판단해서 아니다 싶으면 교체한다. 가격은 5~7만 원대가 가장 많다.

요리 몽리해장라면 8천 원, 고구마, 까망베르치즈구이 등은 9천~1만9천 원이다.

정보

영업시간 오후 5시~새벽 3시

위치 서울시 강남구 신사동 524-37, 신사동 가로수길에서 미래희망산부인과와 미래약국 사이 골목으로 들어가서 오거리에 위치.

전화번호 02-548-2789, 〈몽리2〉 070-7740-3789, www.monlit.co.kr

망의 한마디

낭만적인 분위기가 최고! 가볍고 편한 마음으로 와인을 즐기기에 적격이다. 다정한 연인들을 위한 데이트 장소로 좋다.

세련되고 '핫'한

뉴욕 스타일을

즐기다

Lounge Bar 153
라운지바 153

03

2, 30대 여성들에게 가장 여행하고 싶은 곳을 묻는다면 어디를 택할까? 더구나 패션과 예술을 좋아하고 유행에 민감한 여성이라면 아마도 뉴욕을 제일 먼저 꼽지 않을까! 미국 드라마 〈섹스앤더시티〉의 영향이다. 주인공 캐리가 매일 물고 있는 담배, 사만다의 자유분방한 성생활, 미란다의 결혼에 대한 갈등, 샤롯의 정갈하고 보수적인 생활 등 한 편 한 편 볼 때마다 지구상에 살고 있는 여자들은 같이 울고 웃었다. 이 4명의 여자들 때문에 뉴욕은 특별해졌다. 또한 뉴욕은 9.11 테러가 벌어진 비극의 도시이기도 하다.

2001년 9.11 테러가 벌어졌을 때의 일이다. 한 언론사 보도국에 한 통의 전화가 걸려왔다. "맨해튼이 불타고 있어요!" 사회부는 난리가 났다. 대장은 출입처에 나가 있는 사회부 기자들과 카메라 기자들에게 전화를 걸어 "여의도 맨해튼으로 가! 큰 불이 났어." 여기저기 경찰서에 흩어져 있던 이 언론사 사회부 기자들은 여의도로 달려갔다. 그런데 웬 불? 놀란 사람들은 오히려 맨해튼호텔(현 렉싱턴호텔) 사람들이었다. "오늘 여기서 무슨 일이 있어요?" 그 전화는 미국에서 걸려온 전화였다. 9.11 테러 사건을 제보한 것이다. 믿거나 말거나 한 이 이야기는 두고두고 기자들 술자리에서 회자되었다.

9.11 테러 사건처럼 지구 반대편에서 벌어진 불행한 사건이 우리 삶에도 어떤 식으로든 영향을 미친다. 어쩌면 지구 안에 있는 모든 인간들은 가늘고 촘촘한 끈으로 질기게 연결되어 있는지도 모른다. 내가 지금 모월모시에 기침 한 번 하면 그 소리는 끈을 타고 칠레나 모하비 사막으로 휘리릭 날아가 무슨 일을 일으킬지 모른다. 그래서 모든 이의 삶은 소중하다.

서대문 와인바 〈라운지바 153〉에 가면 마치 뉴욕의 한복판에 있는 느낌이 든다. 〈섹스앤더시티〉의 주인공들이 반짝이는 드레

1 화려하진 않지만 색상과 스타일의 통일감을 주어 안정적인 느낌이다. 2 은은하면서도 웅장한 조명이 포인트다. 3 곳곳에 숨겨진 인테리어의 묘미가 있다.

스를 입고 붉게 입술을 칠한 채 파티를 즐기기 위해 찾은 바와 비슷한 분위기다. 이름도 뉴욕의 바처럼 번지수를 따라 지었다. 바의 형태도 뉴욕의 가볍고 편한 라운지바를 벤치마킹한 것이라고 소믈리에 김용희(37) 씨는 말한다. 이 바가 들어앉은 건물은 〈가든 플레이스〉다. 1층에는 〈베니니〉라는 레스토랑이 있고 2층에 〈라운지바 153〉이 있다. 주인이 같다. 몇 년 사이 광화문은 외국인들이 많이 찾거나 일하는 곳이 되었다. 〈라운지바 153〉이 만들어진 배경 중 하나다.

들어서자마자 보석처럼 반짝이는 유리들이 반겨준다. 아래로 이어지는 계단은 끝이 없어 보인다. 그 계단을 밟고 내려가면 커다란 공간이 툭 하고 튀어나온다. 천장은 한없이 높고 양옆 벽에는 검은색으로 그려진 추상화 같은 문양과 글자들이 있다. 필모그래피(Filmography, 영화 작품 목록)다. 세련되고 '핫(hot)'하다.

소믈리에 김용희 씨는 훤칠한 키에 소박하면서도 도시적인 분위기를 풍긴다. 김 씨는 '2009 한국소믈리에대회'에서 1등을 수상했다. 그는 지난 2005년부터 5년째 이 대회에 참가했지만 입선만 했을 뿐 1등 수상은 이번이 처음이다. '한국소믈리에대회'는 프랑스 농식품진흥공사(SOPEXA)가 8년 전부터 주관하는 대회다. 김 씨는 올해 대회에서 특히 10종류의 프랑스 와인을 '블라인드 테이스팅(Blind Tasting: 와인의 라벨을 가리고 와인을 평가하는 것)'하는 2차 시험에서 높은 점수를 얻었다. 2009년 10월 23일 싱가포르에서 열린 제1회 동남아시아 프랑스 와인 소믈리에대회(Southeast Asia Sommelier Competition in French Wine and Spirits)에서는 2위를 했다.

그는 음악에도 조예가 깊다. 중학교 1학년 때부터 기타를 놓지 않았고 20대 중반까지 기타 연주를 생업으로 삼기도 했다. 재즈

와인과 함께 듣는 음악은 더욱 특별
하다. 각자의 스타일에 맞게 즐기면
된다.

클럽에서도 일하고 음반 녹음작업도 했다. 〈라운지바 153〉에 재
즈 라이브 연주가 있는 이유이기도 하다.

이렇게 젊은 날 음악에 심취한 김 씨가 왜 소믈리에가 되었을
까? 재즈와 와인이 닮은 구석은 있지만 그렇다고 직업을 쉽게 바
꿀 수 있는 것은 아니다. "2002년 역삼동에 있는 와인바 〈쉐죠이〉
에서 연주를 했다. 연주하면서 사장님과 친해졌고 그분께 와인을
가르쳐달라고 부탁했다. 와인은 음악과 잘 통하는 술이라는 생각
이 들었다." 〈쉐죠이〉의 사장인 안준범 씨는 유명한 와인전문가
다. 그에게 차근차근 와인을 배울 수 있었다. 일하면서 소믈리에
자격증도 따고 프랑스, 스페인 등지로 연수도 다녀왔다.

〈라운지바 153〉으로 옮긴 뒤에도 그는 와인공부를 멈추지 않
는다. 한 달에 한 번 여러 명의 소믈리에들과 와인을 마시고 평을
하는 모임을 하고 있다. 작년부터는 일본 와인에도 눈을 돌렸다.
와인에 관한 일본인들의 애정은 널리 알려져 있다. 일본 청주를
만드는 이조차 프랑스나 이탈리아 유명 와이너리를 돌면서 양조
학을 공부한다고 한다. 그는 일본 와인도 맛을 보면서 지식의 영
역을 넓혀가고 있다.

그는 인생에서 와인을 선택했지만 음악을 버리지는 않았다. 지금도 〈라운지바 153〉에서 기타를 메고 재즈를 연주한다. "재즈와 와인은 알면 알수록 모르는 게 더 많아진다는 공통점이 있다. 두 분야 모두 익숙해져야만 그 맛을 알 수 있다." 그래서 언제가 될지 모르겠지만 언젠가 자신만의 레스토랑을 연다면 예술가들이 편하게 들락거릴 수 있는 곳을 만들고 싶단다.

"소믈리에를 꿈꾸는 이들이 늘고 있다. 그러나 소믈리에는 와인평론가와는 다른 직업이다. 레스토랑의 직원으로서 일해야 하고, 와인의 전반적인 업무도 해야 하고, 매출도 신경 써야 한다. 그러므로 소믈리에에 대한 지나친 환상은 주의해야 한다." 그의 생각이다.

와인바를 찾았을 때 최고를 즐기는 방법은 최대한 소믈리에를 귀찮게 하는 것이다. 〈라운지바 153〉을 찾고자 하는 이들은 특히 이 점을 명심하길.

김 씨가 작성한 와인목록은 늘 다르다. 3개월에 한 번씩 바뀐다. 하지만 화이트 와인과 샴페인은 여전히 다른 곳보다 가짓수가 많다. 와인은 총 320여 가지를 갖추고 있다. 와인과 함께 먹는 안주들은 아래층 〈베니니〉에서 만들어서 올라온다.

지구의 질긴 끈으로 엮어진 뉴욕을 이 한국 땅에서 한번 거하게 즐기고 싶은 이들은 〈라운지바 153〉에 가보라.

Lounge Bar 153
라운지바 153

소믈리에가 추천하는 와인

르루아 부르고뉴 루즈 1999(Leroy Bourgogne Rouge 1999)

로마네콩티 소유주가 다른 땅에서 경작한 포도로 만들었기 때문에 장인의 품위와 색다른 맛을 함께 경험할 수 있다. 우연히 경험한 맛과 향을 결코 잊을 수 없다고 한다.

차림표

와인 약 320가지가 있다. 레드 와인은 프랑스산이 가장 많은데, 260만 원 상당의 와인이 있을 정도로 화려하다. 하지만 대부분 7~10만 원대다. 샴페인이 다른 집보다 많은 편이며 40가지가 넘는다.

요리 이탈리아 음식이며 가격대는 2~4만 원 정도다.

정보

영업시간 오후 6시~새벽 2시

위치 서울시 종로구 신문로2가 1-153, 서대문구 역사박물관 앞 가든플레이스 2층

전화번호 (02)734-0153, http://www.mirospace.co.kr/02_bar153

먕의 한마디

세련된 분위기를 즐기는 젊은 여성들에게 추천할 만하다. 가격은 비싼 편이지만 뉴욕의 라운지바와 분위기가 비슷해 외국인 친구와 함께 즐기기에 좋디.

와인과 속삭이듯 대화를 나누다

Veraison
베레종

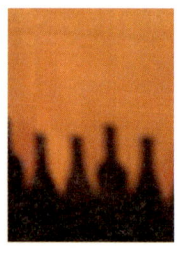

04

"타닌(와인의 떫은맛)이 강하고 진한 색깔의 레드 와인을 찾네. 알코올 도수도 높은 것을 좋아하는군. 아마 우아함을 떠는 세계와는 조금 거리가 멀고 실천력이 강한 사람일 거야. 그와 비즈니스 할 때는 결론을 빨리 내줘야겠는데." 와인전문가 이상황(50) 씨는 마시는 와인만 보고도 그가 어떤 사람인지 꿰뚫어본다. '당신이 어제 무엇을 먹었는지 말해주면 당신이 누구인지 알 수 있다'는 말처럼 와인도 그렇다고 말한다.

와인집 〈베레종〉의 문을 열고 들어서면 이상황 씨를 만날 수 있다. 빙긋 웃는 그에게서 오랜 세월 한 가지 맛을 지켜온 와인의 향이 난다. 그는 원래 와인과는 거리가 먼 사람이었다. 대학에서 건축을 전공하고 대기업을 다녔던 평범한 우리 시대 직장인이었다. 그는 1984년 처음 프랑스 와인을 마셨다. 출장차 파리에 갔다가 우연히 마셨는데 '아, 이게 진짜 레드 와인이구나!' 하고 감탄을 했단다. 그때부터 그의 와인사랑이 시작되었다. 출장에서 돌아온 그는 우리나라 과실주 '마주앙' 등을 먹으면서 '마시는 취미'에 홀딱 빠졌다. '마시는 취미'는 5년간 해외근무를 하는 동안 더욱 깊어졌다. 세계 여러 나라의 와인을 경험할 기회가 자연스럽게 생겼고 조금씩 그의 혀는 붉은 와인에 민감하게 변해갔다.

1991년 그는 회사를 그만두고 자신의 전공(건축)을 더 깊이 공부하기 위해 프랑스로 떠났다. 그 선택이 그를 다른 인생으로 이끌 것을 아무도 몰랐다. 좋은 구두가 멋진 곳으로 데려다준다는 말처럼 그가 밟은 프랑스 와이너리 흙먼지는 그를 건축학도가 아니라 와인전문가로 변신시켰다.

"당연히 건축을 공부하기 위해 떠난 길이었다. 그러나 그곳에서 만난 것은 건축만이 아니었다." 7년간 프랑스 그레노블(Grenoble) 건축학교를 다니면서 그의 몸속에 완벽하게 주입된

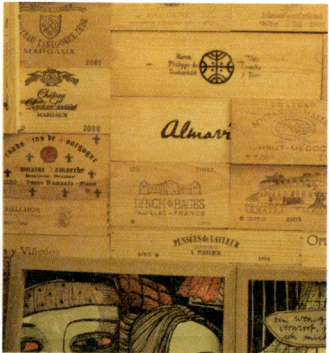

화려하진 않지만 색다른 분위기가 자꾸만 발길을 닿게 만든다.
곳곳에 부부의 정성이 들어 있어 더욱 정감 있다.

DNA는 와인이었다. 와인 종주국인 프랑스 파리에는 싸고 맛있는 와인들이 지천에 널려 있었다. 유학생 신분이라서 비싼 것은 마실 수가 없었지만 정말 다양한 와인들을 경험했다. 그의 '마시는 취미'는 점점 깊어갔다. "와인의 모든 것이 매력적이었다. 긴 역사를 공부해야 하는 탐구적인 면이 있고, 과학적인 팩트(fact)가 있고, 소비하면서 새로운 사람들을 만날 수도 있었다."

당시 그의 곁에는 갓 결혼해서 마냥 수줍어하던 아내 배혜정 (47) 씨가 있었다. 미술사를 전공한 배 씨는 프랑스 파리에서 서양미술사 석사 논문을 마치기로 결심한 터였다. 남편 이 씨처럼 배 씨도 즐거운 취미가 생겼다. 루브르박물관의 화려한 서양그림보다 동네 프랑스 아줌마가 알려주는 향긋한 프랑스 요리에 빠져버렸다. "프랑스 사람들은 점심도 집에 와서 먹을 때가 많다. 같은 학부모들과 친구가 되면서 요리의 세계에 눈을 떴다."

그래서 그녀는 '먹는 취미'가 생겼다. 동네 아줌마들의 요리법을 베껴서 만들어 먹고, 온갖 요리책들을 사서 독학을 시작했다. 지역 요리학교를 다니는 일도 빼놓지 않았다. 프랑스에 있을 때 타르트를 가르쳐준 콜린나나 멧돼지 요리를 알려준 오딜은 지금도 잊을 수가 없다. 배 씨는 미식가의 자질을 타고난 이다. 외국생활을 많이 한 부친이 어릴 시절부터 출장길에 자신을 데리고 다니면서 세상 음식들을 맛볼 기회를 주었다. 그때 체득한 미감은 프랑스 현지 가정식 요리와 만나 독특한 한국식 음식을 만들었디. "디저트만 해도 프랑스 사람들은 설탕을 많이 넣는다. 우리 입맛에는 너무 달아서 부담스럽기 때문에 내가 만든 디저트는 설탕을 조금밖에 넣지 않는다."고 말하는 그녀는 당당한 요리사의 모습을 갖추고 있었다.

1998년 한국에 돌아온 이들 부부는 프랑스에서 깊이 빠졌던 향긋한 와인과 맛난 프랑스 요리를 한국에 소개하는 사람들이 되었다. 우리나라 최초 와인동호회 '비나모르'의 2대 시삽(sysop, 운영자)을 이 씨가 맡으면서 와인 관련 행사나 강의에 초빙되기 시작했다. 그의 활동 영역은 시간이 지날수록 넓어졌고 어느덧 이 씨는 와인애호가들 사이에서는 유명인사가 되었다.

의도하지는 않았지만 와인전문가라는 소리를 들으면서 인생에서 와인이 차지하는 영역이 넓어지기 시작했다. 낮에는 모교인 한양대를 비롯해서 여러 대학에서 건축학을 가르쳤고 밤에는 와인의 붉은 세계에 빠졌다. 아내 배 씨는 프랑스에서 배운 요리들을 동네 아줌마들에게 가르치기도 했고 '와인밸리'라는 와인전문 사이트에서 디렉터로도 활동했다. 이들 부부에게 마시고 먹는 취미가 이제 그 이상의 의미를 가지기 시작했다.

2004년 10월 이들 부부는 인생에서 중요한 결단을 내렸고 자신들만의 와인바 〈베레종〉을 만들었다. 당분간 건축에 손을 놓기로 한 이 씨는 건축 강의마저 접었다. 처음 아내 배 씨는 이런 이 씨의 결정에 반대했다. "취미는 그저 취미다. 와인은 그저 취미로 가지고 있고 본업(건축)을 계속했으면 한다."고 강하게 주장했다. 그러나 옆에서 지켜보면서 행복해하는 이 씨를 보고 이제 그녀는 자신의 판단이 잘못되었음을 깨달았다.

"와인에 대한 막연한 지향점은 있었지만 어떤 '순간'이 오자 거짓 없이 그것을 받아들였다. 인생을 사는 데 바람직한 모습과 맞닿아 있고, 순간순간 행복으로 가는 길이라고 생각한다."그는 인생의 한순간 바람처럼 다가온 와인에 몸을 실어 다른 행복을 찾았다.

와인바 〈베레종〉은 우아하고 올곧은 인생의 철학이 녹아 있고 향긋한 부부 사랑이 곳곳에 배어 있다.

와인과 요리에 심취한 부부가 만든 특별한 와인바 〈베레종〉.
이곳에 있는 것만으로도 행복의 기운을 그대로 느낄 수 있을 것이다.

Veraison
베레종

주인장이 추천하는 와인

리쉬부르(RICHEBOURG 1990)

주인 이 씨는 몇 년 전 희한한 경험을 했다. 언제나 평가대상이었던 와인이 자신을 송두리째 흔들어놓는 일이 벌어졌다. 몇 년 전에 마신 리쉬부르는 자신을 점령하고 색다른 곳으로 끌고 갔다고 말한다. 보관 상태는 매우 양호했고 마시는 동안 "나는 이런 사람이야."라고 말하는 것처럼 느꼈다. 이 황홀한 경험 때문에 그는 10년, 20년 뒤 리쉬부르의 맛에 더 큰 기대를 갖고 있다. 세월이 지켜준 맛은 어떨지 상상만 해도 즐겁다.

차림표

와인 마치 한 권의 책을 보는 것처럼 와인이 나라별로 잘 정리되어 있다. 화이트 와인과 레드 와인이 독립적으로 정리되어 있지 않고 한 나라 안에서 나눠져 있다. 프랑스 부르고뉴 와인이 많은 것이 특징적이다. 약 30%를 차지하고 있다. 총 800여 가지의 와인이 있으며 와인목록은 매달 바꾼다. 가격은 4만7천~560만 원까지 있지만 대부분은 7, 8만 원대다.

요리 배 씨가 직접 만들고 가격은 6천~3만2천 원까지 있다. 런치세트는 1만5천 원이며 샐러드, 메인요리, 하우스 와인 한 잔, 디저트로 구성되어 있다(부가세 별도).

정보

영업시간 저녁 6시~밤 12시, 공휴일과 국경일 휴무

위치 서울시 강남구 대치3동 959-2 영원빌딩 5층, 삼성역에서 4번 출구로 나와서 포스코사거리까지 직진, 좌회전해서 언덕길로 150미터가량 올라가면 도로 왼편에 와인숍 〈와인하우스〉 5층.

전화번호 02-552-8016, cafe.naver.com/veraison

망의 한마디

매달 한 번 이 씨가 주관하는 와인행사가 열린다. 독특한 와인을 시음하기도 하고 강의도 이루어진다. 사이트에 개별 신청을 받는다. 그러나 저렴한 가격으로 가볍게 즐기는 와인바가 아니다. 베레종 안에 풍경은 더없이 소박하지만 주인 부부의 내공이 곳곳에 묻어 있는 와인명문집이다.

때론

강렬한 욕망에 빠져

취하고 싶다

VINGA
뱅가

05

"좋은 와인을 나누기 위해 나의 좋은 친구들을 모두 부른다면 고작 한 방울씩만 마시게 될지도 모르지만, 그 한 방울이 실은 이 세상에서 가장 맛있는 와인이 아닐까."

운산그룹 이희상(63) 회장이 나라식품 설립 10주년을 맞아 펴낸 책 첫머리에 그가 적은 글이다. 나라식품은 와인을 수입하고 〈포도플라자〉란 와인문화 빌딩도 운영한다. 경제기사를 꼼꼼히 읽는 사람이면 이희상 대표의 이름 옆에 '밀가루'란 세 글자가 오히려 잘 어울린다는 사실을 안다. 그의 여러 가지 직함 중 하나가 밀가루 제조업체 '동아원' 대표이기 때문이다. 그는 와인을 수입하기 오래전부터 밀가루회사 대표였다. 유학시절 만나 반해버린 와인을 평생 배우자처럼 자신의 곁에 두고 싶어 1997년 나라식품(주)을 설립했고 그 이후로 쭉 '와인 전도사'란 별명을 듣고 있다. 2005년에는 프랑스 샴페인협회로부터 명예기사 작위(Chevalier de Ordre Coteaux)를 받았고 수입한 와인 '몬테스 알파'가 큰 성공을 거두기도 했다.

2005년에 문을 연 〈포도플라자〉에는 와인과 음식에 관한 향기가 가득하다. 지상 7층 건물 안에 와인아카데미 WEST(Wine & Spirit Education Trust) 코리아와 요리스쿨 츠지원, 와인숍 와인타임, 와인바 〈뱅가〉 등이 있다.

WEST는 1969년 설립된 영국의 와인전문 교육기관이며 요리학교 츠지원은 일본 오사카와 도쿄에 위치한 유명한 요리학교 츠지초의 교육프로그램을 들여왔다. 강사진 대부분은 츠지초에서 수련한 이들이다. 1, 2층에는 와인숍 〈와인타임〉이 있고 지하에는 와인바 〈뱅가〉가 있다. 2006년에 배우 배용준이 이곳을 찾아서 일본인들에게까지 유명해졌다. 지금도 중년의 일본 여성들이 종종 방문해서 사진을 찍고 간다.

건축가의 예술적 고뇌가 고스란히 배어 있는 〈뱅가〉.
어느 누가 찾아도 편안하게 와인을 음미할 수 있다.

지하에 있는 〈뱅가〉로 내려가는 길을 따라가면 프랑스 와인농장의 카브(지하 와인저장고)에 닿을 것만 같다. 큼지막한 돌들이 지하세계로 인도한다. 〈뱅가〉는 건축가 가와사키 타카오 씨가 설계한 곳이다. 곳곳에 유명한 건축가의 예술적인 고뇌가 엿보인다. 그의 작업노트에는 '건물 하단부에는 와인이 가진 묵직함을 표현하기 위해 가공하지 않는 느낌의 사비석을 사용했다.'라고 적혀 있다. 사비석은 시간이 흐를수록 색이 짙어지는 특색이 있다. 마치 오래된 와인일수록 깊은 맛을 내는 것과 닮았다. 마감재로 사용한 이페나무는 오크통 같은 분위기를 만든다.

아주 오래전 열 살 무렵《보바리부인》(귀스타프 플로베르 작, 프랑스 대표적인 사실주의 소설)을 읽었다. 지금 생각하면 그 나이에 읽을 만한 소설이었을까 하는 의문이 든다. 당시 읽고 난 다음 어린 여자아이의 가슴속에 깊게 남은 것은 두려움이었고 머릿속에 새겨진 것은 유치함이었다. 여자로서 사는 것에 대한 두려움, 그것을 돌파할 수 있다고 믿은 유치한 방법. 주인공 엠마가 곧 나였다. 소설 속에서 주인공 엠마를 파괴하고 상처만 주는 바람둥이 로돌프 같은 사람을 만나면 안 되겠다, 좋은 사람과 결혼해야겠다, 나이가 많은 사람과 결혼하면 안 되겠다, 꼭 돈을 벌고 일을 해야겠다, 뭐 그런 생각을 했다. 하지만 한편으로는 엠마가 거부할 수 없었던 육체적인 쾌락이란 도대체 무엇일까 하는 호기심도 있었다. 문장마다 녹아 있는 녹진한 그 표현들이 무엇을 말하는지, 어떤 촉감이고 얼마나 예민한 흥분인지는 오랜 시간이 지나서야 알았다. 누구나 그렇겠지만!

와인바 〈뱅가〉에 들어서자마자 그때 그 '보바리부인'이 떠올랐다. 저쪽 와인 책장 아래서는 보바리부인이 거부할 수 없는 욕망의 노예가 되어 로돌프에게 유린당하는 모습이 보였고, 이쪽 식탁

와인과 함께 먹으면 더욱 맛있는 요리는 요리사의 끊임없는 연구를 통해 만들어진 것으로 먹을 때마다 새로운 느낌과 맛을 선사한다.

아래에서는 레옹과 프렌치 키스를 하면서 밝게 웃는 얼굴이 보였다. 와인바 안에 흐르는 작은 시냇물은 그녀를 위해 준비된 자연의 선물 같았다. 도대체 이것이 무슨 일인가 싶었다. 〈뱅가〉의 낮은 불빛과 아름다운 연주, 식탁마다 두런두런 들리는 정담들이 저절로 나를 몇백 년 전 프랑스 농장으로 이끈 것이다. 〈뱅가〉의 붉은 낭만이 나를 보바리부인으로 만들었다.

이 낭만을 더욱 감각적으로 만들어내는 이들이 있다. 〈포도플라자〉 디렉터 김혁(47) 관장과 수석요리사이자 츠지원 디렉터 노종헌(41) 씨다. 김혁 관장은 《김혁의 프랑스 와인 기행》, 《김혁의 이탈리아 와인 기행》 등을 펴낸 와인 전문가이다. 프랑스 유학시절 우연히 들른 부르고뉴 와인저장고 풍경에 크게 감동해서 와인의 세계에 뛰어들었다. 1991년 이후 에어프랑스에서 케이터링 매니저로 근무하면서 와인 여행을 시작했다.

이곳 와인들은 모두 그가 책임지고 있다. 이희상 회장의 손길뿐만 아니라 와인에 대한 그의 사랑도 와인목록에 묻어 있다. 그는 이곳의 희귀한 와인들에 대해 자랑한다. "2층 와인 박물관에는 희귀한 빈티지 와인들이 많다. 회장님이 가지고 있었던 것들도 있다. 판매는 하지 않지만 좋은 공부가 된다. 적당한 온도를 항상 유지하고 있다."

음식은 요리사 노종헌 씨가 맡고 있다. 그의 손에서 마술처럼 튀어나오는 요리는 신기한 맛을 자랑한다. 그는 관습처럼 오랫동안 정해져 내려온 요리법을 따르지 않고 항상 새로운 요리법을 연구한다.

노 씨는 명문대 의대를 수료했지만 음식이 좋아서 요리사가 되었다. 미국 유학 중 우연히 일본인 음식점에서 아르바이트를 하면서 마술 같은 요리의 세계에 눈을 떴다. 난생 처음으로 해보고 싶은 일이 생긴 것이다. 그 길로 미국 요리학교 C.I.A.(Culinary Institute of America)에 입학해서 요리를 배웠다. 그는 요리를 통해 자신의 인생을 찾았다고 말한다.

한참 〈뱅가〉의 아름다운 이미지를 향해 셔터를 누를 때 이희상 회장이 들어왔다. 그는 친구들과 한자리 차지하고 흥겹게 와인을 마셨다. 주인이 스스로 사랑하는 와인바, 그 맛이 감동으로 이어지지 않을 수 없다.

VINGA
뱅가

김혁 관장이 추천하는 와인

샤토 드 퐁벨(Ch. de Fonbel)

샤토 드 퐁벨은 프랑스 생테밀리옹 지역에서 생산되는 그랑크뤼급 와인이다. 메를로가 80%, 카베르네 프랑이 20%인 레드 와인이다. 묵직한 바디감 때문에 생테밀리옹 지역에서도 가볍지 않은 와인이 생산된다는 것을 보여주는 와인이라고 한다. 김혁 관장은 샤토 드 퐁벨 중에 빈티지 2003년도 것을 추천한다. 지금 최고의 맛을 낸다고(열리고 있다) 말한다.

차림표

와인 와인 종류가 800여 가지가 넘는다. 프랑스, 이탈리아, 미국 와인이 가장 많고 그 밖에 신대륙 와인들은 유명세를 타고 있는 것이 준비되어 있다. 가격은 4만~1천만 원대까지 있으며 희귀하고 빈티지가 오래된 것들이 많다. 몬테스 알파는 다른 곳보다 조금 싸다(부가세 별도).

요리 삼겹살찜, 샐러드 등. 파스타 2만2천~2만8천 원, 샐러드 2만2천 원, 스테이크 5만9천 원까지 있다(부가세 별도).

정보

영업시간 오후 6시~새벽 2시, 일요일 휴무, 라이브 공연도 있다.

위치 서울시 강남구 신사동 634-1, 성수대교 남단 사거리에서 도산공원 방면 자생한방병원 지나 50미터 아동복 자카디 건물 어진 길로 들어와 자카디 건물 바로 뒷건물

전화번호 02-516-1761, www.podoplaza.com

몽의 한마디

고급스러운 분위기 때문에 비즈니스 모임 하기에도 좋다. 낭만적인 분위기 때문에 특별한 날, 특별한 사람과 이곳을 찾고 싶어진다. 그러나 기격이 상당히 부담스럽다. 왠지 이곳을 찾을 때는 옷을 잘 챙겨 입어야 할 것 같다.

창가에 기대

와인과 **풍경을**

마주하다

Pason

빠송

06

좋아하는 사진가 중에 '낸 골딘(Nan Goldin)'이라는 사람이 있다. 사진에 관심이 있는 이라면 익히 들어본 이름이다. 그녀의 사진 중에 〈침실에서의 낸과 브라이언〉(1983)이 있다. 그 사진의 왼쪽에는 담배를 물고 있는 남자의 벗은 등짝이 보인다. 그 남자는 침대에 걸터앉아 있다. 침대에는 가운을 입은 낸이 보인다. 결핍의 시선으로 낸은 브라이언을 보고 있다. 침대 위에는 담배를 물고 벗은 채 앉아 있는 남자의 사진이 걸려 있다. 창 밖에서 들어오는 햇살은 노랗다. 저녁 햇살의 세계에 갇혔다. 침대와 남자, 그리고 여자! 단어들이 조합하는 육감적인 분위기가 보는 이의 가슴을 후벼 판다. 심장 안에 있는 오만가지 감정들이 콧물처럼 질척이다가, 녹은 엿처럼 늘어지다가, 폭풍처럼 휘몰아치다가 부서진다. 그는 담배를 피우고 있다. 여자는 아직도 사랑의 여진이 남아 욕망하는 눈빛인데 남자는 저승 갈 날만 기다리는 노인처럼 세상일에 미련이 없어 보인다. 불일치가 주는 거리감이 여자를 외롭게 한다.

　사진 속 낸은 작가 낸 골딘이고 남자는 그녀의 남자친구 브라이언이다. 케이블 릴리스(카메라 셔터 보조기구)를 이용해서 찍은 셀프 사진이다. 둘은 아마도 끓어오르는 감정의 파고에 몸을 내맡겨 한 치의 거짓도 없이 순결한 시간을 보냈을 것이다. 육체가 서로의 몸속에서 오가는 동안 생각도, 지난 시간도, 미래도 교감했을 것이다. 폭우가 지나간 후 두 사람은 다시 각자의 고독에 갇혔다. 낸 골딘의 남은 욕망은 담배 연기 속으로 사라졌다. 이런 경험이 없는가? 너무 허무한 기분, 최선을 다해 침대에서 사랑했는데 바닥을 알 수 없는 허무함과 우울함이 달려드는 기분! 흔히 '노력'은 어떤 일에서나 큰 과실을 주기 마련이거늘, 침대에서만은 아닐 수 있다는 것을 낸은 사진 속에 드러냈다.

1 넓은 창을 통해 보이는 자연 풍광은 도심 속에서 잠시나마 여유를 갖게 해준다. 2 와인과 어울리는 디테일한 소품들이 인상적이다. 3 와인 병만으로도 훌륭한 인테리어가 만들어진다.

사랑이란 그런 것이다. 찢어진 부위에 소금을 뿌리고 사포를 문지르는 가학과 쓰라림과 고통을 참아내는 피학이 공존하는 것. 거지를 부자로 만들고 악마를 천사로 만들 만큼 엄청난 힘을 가진 것도 사랑이다. 먹다 남은 치즈조각이 며칠 공기 중에서 시간을 보낸 후에 생기는 뭉클한 맛 같은 것, 사랑! 사랑은 삶을 보석처럼 빛나게 할 수도 있고, 시궁창처럼 고약한 냄새가 진동하는 것으로 만들 수도 있다. 그래서 밤이나 낮이나 잘하고 싶고 포기하고 싶지 않은 것이다.

허무함이 몰려올 때 〈빠송〉 창가에 앉아 떨어지는 노란 은행잎을 보고 그 아래로 어깨를 기댄 채 걸어가는 연인들을 보면 기분이 한결 나아진다. 싱그러운 젊은 청춘들이 부질없을지 모르지만 각자의 새로운 인생을 만들기 위해 길을 메우고 있다.

〈빠송〉은 2000년 12월 24일 문을 열어 9년째 이 거리를 지키고 있다. 주인장 심준현(38) 씨는 보기만 해도 예사롭지 않다. 풀어진 라면 같은 머리카락이 그를 덮고 있는데 너무 '예술적으로' 보인다. 와인세계에 몸담고 있는 이가 아니라 음악가처럼 보인다. 역시 세월의 흔적은 얼굴에 나타나는 법. 맞다, 그는 음악가다. 연주를 하는 음악가가 아니라 1988년부터 명동에서 3대째 클래식과 재즈 음반을 판매하는 숍을 운영했던 음악가이다. 〈빠송〉이란 이름도 음악에서 나왔다. '디아빠송(diapason)'에서 딴 이름이다. 이것은 '완전협화음' 혹은 '음역'이라는 뜻을 지닌다.

그는 음악을 좋아한다. 그런 그가 와인세계에 뛰어들게 된 이유는 경제적인 부분이 한몫했다. 음반숍이나 음반사업은 점점 기울고 있었다. 사업을 바꿔야겠다 생각하고 떠오른 것이 와인이었다. 그는 클래식을 좋아하는데, 그 음악은 유럽에서 왔다. 와인도 유럽에서 왔기에 금세 친해질 수 있었다. 그래서 음악도 있고 간

단하게 와인 마실 수 있는 곳을 만들고 싶었단다. 음악만 듣고 가는 사람들도 더러 있다고 하니 〈빼송〉에서 울리는 음악들이 얼마나 풍부하고 깊이 있는지 알 수 있다.

그는 와인바를 하기 정말 잘했다고 자부한다. 왜냐? "술은 일탈이다. 일상의 자신을 잊는 것, 누구에게나 약간의 일탈은 필요하다." 그의 즐거움은 그 일탈로 인한 작은 기쁨을 사람들에게 제공한다는 점이다. 넥타이부대가 오면 회사 이야기 많이 하는데, 농담삼아 회사 이야기는 그만하라고 하곤 한다. 잠시 잊자는 것이다. 그러면 사람들은 자연스럽게 음악이나 사랑, 삶에 대한 이야기로 넘어간다. 특히 음악에 관심이 많은 분이 자주 찾아온다. 도가 지나친 손님은 내보내기도 한다. "이곳은 고상 떨지 않고 조용히 음악과 와인을 즐기는 곳이다. 와인을 통해 좋은 이야기 나누고 와인을 통해 추억과 낭만을 이야기하는 곳이다."

그는 환갑이 되어서도 이곳이 계속 남아 있기를 바란다. 그래서 이곳을 찾았던 단골들이 자신의 아들을 데리고 와도, 잠시 먼 외국 땅을 밟고 돌아와도 그대로의 모습으로 이곳을 지키고 싶다. 유럽에 가면 200년 넘는 카페들이 있다. 〈빼송〉이 가려는 궁극의 길이다. 그는 와인공부도 독특하게 했다. 처음에는 라벨조차 (사실 너무 어렵다) 읽지 못했다. 그래서 라벨 외우는 것부터 시작했다. 귀동냥하고 가슴으로 맛을 기억했다.

〈빼송〉은 창이 넓어서 좋다. 삼청동에 이만한 창을 가진 곳은 흔하지 않다. 2층이란 위치 때문에 우리가 보고 싶은 것들을 더 많이 볼 수 있다.

가슴을 훑고 지나가는 바람 같은 맛은 기억할 수밖에 없다. 이곳에 있는 와인은 여느 와인집처럼 다양하거나 그 숫자가 많지 않다. 나라별, 지역별로 모두 두려고 하니 감당이 안 되었다고 한다.

손님들도 복잡하게 고르는 것을 좋아하지 않아서 결국 스스로가 좋다고 생각하는 것을 두고 손님들에게 의견을 많이 묻는다. 가격만은 다양하다. 3만 원부터 2, 30만 원대, 더 나아가 수백만 원대도 있다. 하지만 와인과 음악보다도 〈빠송〉에서 제일 좋은 것은 엄마 어깨처럼 넓은 창이다.

Pason
빠송

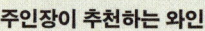

주인장이 추천하는 와인

루이 막스 머큐리 와인(Louis Max, Mercurey)

부르고뉴 중 가격이 저렴하면서 부르고뉴의 맛을 잘 느낄 수 있는 와인이라고 추천한다. 머큐리 지역에서도 루이 막스의 중심부인 클로라 마르쉬(Clos la Marche) 포도밭에서 생산되는 포도로 만든 와인으로 맑고 빛나는 루비빛을 띤다. 무기질 성분이 풍부하고 입 안에서 느끼기에 탄탄한 구조를 지니고 있다.

차림표

와인 3만~수백만 원대까지 있으며 4, 5만~10만 원대가 많다.

요리 치즈 등 1만2천~2만 원

정보

영업시간 평일, 토요일 오후 6시~다음날 새벽 1시 / 일요일 오후 6시~오후 10시(혹은 11시), 설날, 추석, 명절,연휴 휴무.

위치 서울시 종로구 팔판동 27-6 도울빌딩 3층, 삼청동길 우리은행 옆 회색 건물 3층에 위치.

전화번호 02-734-2646

망의 한마디

삼청동에도 와인집이 많다. 그중에서도 〈빠송〉은 역사가 오래되고 주인의 와인 철학이 돋보이는 집이다. 창이 넓어서 좋다. 초보자가 가도 쉽게 주인장의 추천을 받아 맛있는 와인을 마실 수 있다.

방랑자를 위한

매혹의 와인에

취하다

Sideway
사이드웨이

07

'바람처럼 왔다가 이슬처럼' 가고 싶을 때가 있다. 세상살이 소소한 것들에 연연하지 않고 봇짐 하나 달랑 메고 외롭고 쓸쓸한 검객이 되어 발가락 사이로 모래바람 팍팍 묻히면서 떠돌고 싶을 때가 있다. 〈신용문객잔〉(1992, 중국 무협영화)의 무림고수가 한없이 부럽고 〈셰인〉(1953, 서부영화)의 주인공이 나였으면 한다.

가야 할 곳도, 오라는 사람도 없는 철저한 자유가 고독을 선사한다. 고독이 고통스럽기만 할 것 같지만 오히려 친구가 되어 칼에 베인 듯한 서늘한 즐거움을 안겨준다. 피부 세포를 발딱 세우는 그 알싸한 느낌은 마리화나보다 큰 중독성을 가졌다. 와인바 〈사이드웨이〉의 주인 안토니 듀포(36)는 그 중독성에 빠졌던 프랑스 방랑객이었다.

프랑스 TF1 방송에서 음식관련 프로그램을 만들었던 그는 6년 전부터 베이징, 서울, 도쿄 등을 오가며 마음 닿는 대로 살았다. TF1 아시아 특파원이라는 직함은 있었으나 세 도시 중 그 어느 곳에도 정착하지 못했다. 그런 그가 지금은 강남대로 뒤편의 조촐한 '갓길(사이드웨이)'에서 와인을 홀짝인다. 〈사이드웨이〉는 그의 집이다. 방랑자가 집을 만들다니, 왜 떠도는 삶을 멈추었는지 궁금해진다. 우선 간판의 사연부터 살피면 낭만적인 이야기가 숨어 있다.

와인을 좋아하는 이라면 영화 〈사이드웨이〉(2004)에 대해 들어봤을 것이다. 자신의 인생에 소심한 한 남자가 와이너리를 여행하면서 사랑과 인생의 활기를 찾는 이야기다. 영화 속에서 펼쳐지는 넓은 와이너리는 꽉 막힌 도시의 숨통을 터준다. 주인공 마일즈가 눈을 감고 와인의 향과 맛을 음미하는 모습은 기쁨의 절정에 도달한 이의 표정이다. 화면을 가득 채우는 여러 가지 와인들을 눈여겨보는 것도 큰 즐거움이다. 보기만 해도 공부가 저

와인은 억지로 멋지게 차려입고 마셔야 한다는 편견을 깨부수듯
〈사이드웨이〉에서는 꾸미지 않은 자연스러움이 엿보인다.

절로 된다.

와인 애호가인 영어교사 마일즈는 이혼을 한 후 고독의 고통을 오로지 와인으로 달랜다. 어느날 결혼을 앞둔 난봉꾼 친구 잭이 마지막 총각파티 여행을 가자고 제안한다. 둘은 산타 바바라 지역의 와인 여행을 시작한다. 그곳에서 두 남자는 아름다운 여인 둘을 만난다. 그중 한 명은 우리에게도 익숙한 얼굴 산드라 오(스테파니 역)다. 잭은 스테파니와 진한 사랑을, 마일즈는 스테파니의 친구 마야와 사랑의 줄다리기를 시작한다. 마일즈는 푹 빠진 와인만큼 마야에 관심이 있지만 익숙해진 고독 때문에 주저한다. 하지만 와인은 마일즈의 좋은 친구가 되어 사랑을 찾아준다. 수줍은 듯 머뭇거리는 마일즈를 용기백배한 청년으로 만들어 마야의 곁으로 보낸다.

듀포 역시 마일즈처럼 와인을 통해 사랑을 찾았다. 이것이 그가 더 이상 아시아 세 도시를 방랑하지 않고 〈사이드웨이〉에서 와인을 홀짝이는 이유다. 그의 아내 김은영(33) 씨는 프랑스계 화장품회사 로레알에서 마케팅 업무를 했던 재원이다. 영어까지 3개 국어에 능통한 그녀는 듀포가 아시아에 대한 프로그램을 준비할 때 처음 만났다. 그저 친구처럼 와인과 음식에 대해 이야기하고 시간을 보냈다. 마치 마일즈와 마야가 그랬던 것처럼 조금씩 상대가 마음속에 들어오기 시작했다. 연인 사이가 되었고 이제는 부부가 되었다. 〈사이드웨이〉는 그 둘이 자식처럼 만든 결실이다. 영화 속 주인공들처럼 두 사람은 〈사이드웨이〉를 예쁘고 훌륭한 곳으로 키울 생각이다.

영화를 좋아해서 〈사이드웨이〉라고 이름 붙였을까 싶었지만 예상은 빗나가고 말았다. "와인바가 갓길에 있어 이름을 '사이드웨이'라고 짓기도 했지만 많이 알려진 와인보다는 잘 모르는, 작

은 와이너리의 와인을 소개하고 싶었다." 어딘가 아쉽지만 또 그
다운 생각이다 싶기도 하다.

그가 전하고 싶은 와인은 프랑스 와인 중에서도 개성이 강
한 것들이다. 와이너리를 운영하는 친구가 많아 그 와인들을 가
져왔기에 국내 수입업체에서는 좀처럼 보기 힘든 것들이 많다.
그가 불쑥 내민 와인은 누와밸리의 와이너리 필립페 알리에트
(Philippe Alliet)에서 만든 와인 시농(Chinon)이었다. 미디엄 바
디, 긴 잔향, 절묘한 균형감, 인위적이지 않은 오크향이 장점이다.
안동 하회마을처럼 혓바늘 사이로 와인이 붉은 물줄기가 되어 돌
아나간다. 입 안에서 굽이칠 때마다 쿵쿵 가슴이 뛰고 몸 안에 핏

특별한 프랑스 와인이 마시고 싶다면 잠시 이곳으로 여행을 오라.

줄기와 와인이 합쳐진다.

이 집 와인목록의 절반은 프랑스 와인이다. 론, 프로방스 등 프랑스 곳곳의 와인이 골고루 있다. 특히 랑그독 지역의 와인이 눈에 띈다. "요즘 랑그독 지역 와인이 인기가 많다. 프랑스의 큰 회사들이 랑그독 지역 와이너리를 사들이고 있다." 그는 음식에도 깊은 조예가 있지만 와인에 관해서도 고향 프랑스에서 전문가에게 2년간 훈련을 받았다. 문득 그가 고른 와인들이 궁금해진다.

방랑에 지치면 그곳에서 봇짐을 잠시 풀어놓으련다. 고독이 주는, 쓰지만 조용한 안락함을 언제 버릴 것인지, 다시 '황야의 무법자'가 되어 길을 나설 것인지 붉은 잔 앞에서 곰곰이 생각해보련다.

Sideway
사이드웨이

주인장이 추천하는 와인

아가페(Agape parmi les meilleurs vins du Languedoc, pour la RVF)

사이드웨이 주인 안토니 듀포가 최근 프랑스의 자신의 와이너리 '클로 파칼리스(www.clos-paclis.com)'를 만들었다. 그 와이너리에서 생산되는 와인이다. '클로 파칼리스'는 '뜰 안의 정원'이라는 뜻이며 프랑스 남부 (페랄-코르비에) 지역에 있다. 대표적인 와인 아가페는 페랄-코르비에 지역의 자연환경과 포도 과실의 특성을 잘 살린 와인이라고 한다.

차림표

와인 화이트 와인은 2만8천 원부터 있다. 프랑스산은 알자스, 보르도, 론 , 랑그독 등 30가지 정도이며 그 외 이탈리아, 스페인, 독일, 뉴질랜드, 미국, 칠레, 아르헨티나 등 15가지가 있다. 로제 와인 6가지 4만8천~5만8천 원. 레드 와인은 2만8천 원부터 있다. 프랑스산은 랑그독, 론 등 120가지가 있으며 그 외 미국, 오스트레일리아, 뉴질랜드, 아르헨티나 등 150가지가 있다.

요리 샐러드, 스파게티 등이 있으며 1만9백~1만4천5백 원 정도다.

정보

영업시간 저녁 5시~새벽 2시. 일요일 5시~새벽 1시

위치 서울시 강남구 역삼동 817-38

전화번호 02-555-9925

망의 한마디

와이너리를 소유한 와인바 주인은 한국에서 흔하지 않다. 그 와이너리에서 생산되는 독특한 와인을 맛볼 수 있는 집. 그 와인 외에도 주인장의 감성으로 고른 특이한 와인들이 많다. 톡톡 튀는 와인을 맛보고 싶은 이들이 찾을 만한 곳이다. 외국인 친구들과 가기 좋다.

푸른색 선율과

자줏빛 와인에

중독되다

Azul
이쏠

08

한 후배가 권해준 음악 파일 하나로 지루한 오후를 달게 보낸 적이 있다. 인디음악 그룹 '넬'의 〈기억을 걷는 시간〉이었다. '아직도 너의 소리를 듣고/아직도 너의 손길을 느껴/오늘도 난 너의 흔적 안에 살았죠/길을 지나는 어떤 낯선 이의 모습 속에도/바람을 타고 쓸쓸히 춤추는 저 낙엽 위에도/내가 보고 듣고 느끼는 모든 것에 니가 있어 그대/어떤가요 그댄.' 감미로운 목소리와 한순간 가슴을 무너뜨리는 가사 때문에 확 반해버렸다. 오랫동안 내 휴대폰 컬러링은 가수 이상은의 〈둥글게〉였는데, '넬'의 음악을 듣자마자 기억을 걸었던 옛 시간을 지금 이 순간 가두기 위해 바꿨다.

그 이후 '넬'과 비슷한 음악인들에게 빠지기 시작했다. 내 컬러링은 '브로콜리 너마저'의 〈유자차〉로 다시 바뀌었다. '우리 좋았던 날들의 기억을 설탕에 켜켜이 묻어/언젠가 문득 너무 힘들 때면 꺼내어 볼 수 있게.' 자연의 섭리대로 흘러가는 노래가 좋았다. 가장 심장에 콕 찍힌 부분은 '설탕'이었다. 세상 보석보다 더 반짝이는 먹을거리, 설탕! 식탐의 여왕답게 먹을거리와 관련된 노래들에 취했다. 〈냉면〉(박명수와 제시카), 〈팥빙수〉(윤종신), 〈어머니와 고등어〉(김창완) 등 찾아보면 많다.

아주 오래전 헤비메탈, 프로그레시브 록을 좋아하던 시절이 있었다. 지금도 좋아한다. 하지만 느는 주름이 자주 그 음악들을 잊게 한다. 그래서 '배철수의 음악캠프'를 듣다가 좋아했던 핑크 플로이드 노래가 나오면 미쳐버린다. 어린 시절 모았던 엘피 판을 여러 번 이사할 때마다 정리하곤 했는데 '핑크 플로이드(Pink Floyd)'와 '제프 벡(Jeff Beck)' 판만은 가지고 있다. 핑크 플로이드의 〈더 월〉을 처음 알게 된 것도 음악 광신도 친구가 분홍빛 테이프에 꽉 차게 녹음을 해서 건네주었기 때문이다. 엄청나게 오래전 일이다. 학교에 핀 흰색 목련꽃이 붉은 핏방울을 담은 것처럼

서늘하게 초록 잔디에 떨어지는 때였다. 그 위로 뿌려진 맵고 뿌연 가루들(최루탄 가루) 때문에 우울해졌다. 그 심정을 달래준 것이 노래다. 정말 음악은 신 같다. 수백 명의 정신과 의사를 모아둔 것 같은 치유력이 있다. 인생의 한순간을 떠오르게 하는 음악을 만나면 누구나 감상에 젖는다. 그 뭉클한 감정 옆에 붉은 와인까지 있다면!

서울 서교동 〈아쏠〉에 가면 와인과 음악에 제대로 미칠 수 있다. 벽마다 엘피 음반과 CD가 가득하다. 멋진 기타가 벽을 차지하고 노래 소리가 곳곳에 꼭 박혀 있다. 음표의 나라처럼 음악이 가득하다. 주인 황우창(42) 씨는 1998년부터 음악 칼럼니스트로 활동했으며 월드 뮤직을 소개하고 글도 썼다.

〈아쑬〉은 2006년 6월 23일 문을 열었다. 이름은 에스파냐(스페인)어로 '파란색'이라는 뜻을 지닌다. 황 씨가 파란색을 좋아하기 때문에 지은 이름이다. 그의 삶은 음악으로 이어지는 시간들이었다. 영문학을 전공했지만 음악이 너무 좋아 음악 관련 일만 했다. 10년간 음반사에서 중책을 맡기도 했다. 그런 그가 와인이 있는 〈아쑬〉을 연 것은 '음악과 와인을 공유할 수 있는 공간'을 만들고 싶었기 때문이다. 그는 와인에 대해서도 독특한 철학을 가지고 있다. '와인은 공부하면 안 된다. 경험하고 나서 마셔야 한다.' 와인 마시기를 취미로 시작하면서 〈아쑬〉까지 온 것이다. 그래서 이곳은 와인을 좋아하는 이도, 음악을 좋아하는 이도 모두 즐겁게 찾는 곳이다. "섬세한 부르고뉴 와인은 클래식 음악이나 프로그레시브 록과 잘 맞는다."라고 말하면서 이런 식의 궁합 맞추기 실험이 이곳에서는 가능하다며 웃는다.

이곳에 외국 음악만 있는 것은 아니다. 때로 비가 추적추적 오는 날이면, 날 버리고 떠나버린 그 사람이 생각날 때면, 기억을 되살리는 가요가 잔잔하게 흘러나오기도 한다. 가요가 끌어내는 기억의 힘은 강하다. 와인 빈티지에 맞춘 노래도 준비되어 있다. 1991년도에 등장한 음악을 듣고 1991년도에 세상에 태어난 와인을 마시면 머리와 가슴이 확 하고 열린다. 마치 섬세한 소믈리에가 디캔팅한 와인을 온몸 가득 받아들인 느낌이다.

그가 〈아쑬〉에서 음악을 선보이는 기술은 따로 있다. 초저녁에는 박자가 조금 빠른 음악을, 해가 지고 어둑해질수록 월드 뮤직이나 클래식, 프로그레시브 록을 등장시킨다. 그에게 있어 월드 뮤직은 낯선 것에 대한 동경이고 와인은 두근거림이다. 마실수록 만족감이 커진다. 긴 세월 그의 시간을 점령했던 음악처럼.

그의 철학이 녹아 있는 이곳은 그래서 단골들이 많다. 이 단골

들은 복잡한 와인목록을 보지 않는다. 자신의 음악적 취향을 황씨에게 말하고 그가 골라주는 와인을 마신다.

이곳은 나라별로 와인이 골고루 있다. 프랑스는 보르도, 부르고뉴, 론 지역이 있고 이탈리아는 토스카나, 피에몬테, 시칠리아 와인들이 있다. 에스파냐(스페인) 와인도 30여 가지나 있다. 미국, 칠레, 뉴질랜드 등 신대륙 와인도 골고루 있다.

와인목록에는 250여 가지가 이렇게 엮여 있다. 우리나라 사람들은 대체로 미디엄 풀바디 와인을 좋아하는 것 같아 그런 와인 위주로 준비했다고 한다. 그는 와인 마시기를 시작하는 초보자에게 한 달에 한 번은 고가 와인을 먹어보는 것을 권한다. 그 맛을 기억해두면 다른 와인을 먹었을 때 비교할 수 있다. 낮은 가격의 와인은 그 이후로 천천히 마시면 된다. 그러다 보면 5만 원짜리 와인이나 20만 원짜리 와인이나 다 좋다고 판단이 설 때가 있다. 자기에게 가장 좋은 와인은 자신의 혀로 판단하는 것이다.

"자칫 한 가지 와인만 먹게 되면 그 와인에 중독될 수도 있으니 주의해야 한다."

하지만 무엇보다 세상에서 제일 맛있는 와인은 '좋아하는 사람과 마시는 와인'이다. 어떤 와인을 마시느냐보다는 어떤 사람과 마시느냐가 더 중요하다는 이야기다. 내게 좋은 음악을 건네주는 친구들이 사라져도 조금은 안심이 된다. 이곳에서 음악과 와인을 건네 받으리라.

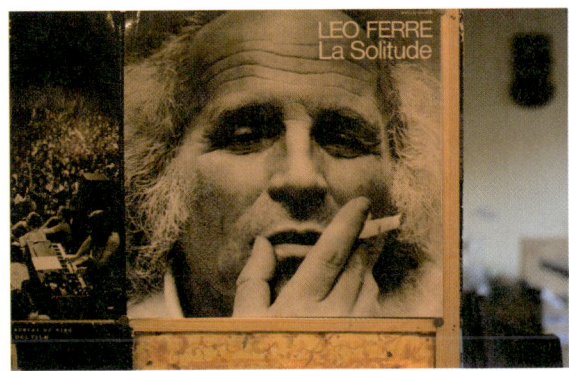

자줏빛 향기가 넘실대는 파란색 와인창고가 더욱 좋은 것은 함께
잔을 나눌 친구가 있기 때문이다.

Azul
이쑬

주인장이 추천하는 와인

장 레옹 그란 레세르바(Jean Leon Gran Reserva, Penedes, Carbernet Sauvignon)

스페인 와인으로 유럽 대륙의 특성(장점)을 고스란히 간직하면서도, 가격이 그다지 비싸지 않아 추천했다. 스페인 와인의 전통품종인 템프라뇨(Tempranillo) 대신 카베르네 소비뇽을 사용한 것이 특징이다. 주인장은 "1979년과 1994년산이 좋다고 알려져 있지만 빈티지 상관 없이 일정 수준 질을 유지하는 와인이다."라고 덧붙인다. 프랑스, 이탈리아 와인만으로 (와인을) 배울 거라는 편견을 깨준 와인이라며 꼭 마셔보길 권한다.

차림표

와인 레드 와인이 4만~8만 원으로 가장 많으며 그 이상도 있다. 화이트 와인은 4만 2천~7만9천 원, 아이스 와인은 9만~17만5천 원대이고 와인세트(와인+치즈나 과일)는 20% 싸다. 기간마다 할인가격은 조금 다르다.

요리 1만~2만 원대이다.

정보

영업시간 오후 7시~새벽 2시, 매월 첫 번째 일요일과 명절에 쉰다.

위치 서울시 마포구 서교동 363-23, 홍대 정문에서 상수 방향으로 가다가 보이는 〈크라제버거〉 맞은편 〈사주 타로〉 골목 안으로 조금만 올라가면 위치.

전화번호 02-322-9658

망의 한마디

식탁이 많지 않아 예약은 필수다. 예약할 때 피자나 스테이크 등을 같이 주문하면 먹을 수 있다. 와인보다 마음을 흔드는 음악에 더 취한다. 데이트보다는 마음 통하는 친구들과 가는 것이 좋다.

와인보다

진한 음악에

감동하다

Pinot
피노

09

'어제의 카레'라는 요리를 아시는가? 카레가 어제가 있고 오늘이 있나? 카레에는 '어제'가 있다. 맛있는 카레요리를 만들고 따뜻할 때 먹는 것이 아니다. 냉장고에 고스란히 넣어두고 하루가 지난 다음 먹는 카레가 '어제의 카레'다. 찬 카레가 따끈한 맛을 만나 색다른 맛을 선사한다. 이 요리는 만화《심야식당》에 등장한다. 이 만화는 다른 요리만화와 다르게 복잡한 요리법이나 맛에 대한 집착이 없다.

만화《심야식당》은 41세 늦은 나이에 만화가로 데뷔한 아베 야로의 첫 작품으로 일본 만화잡지 〈빅코믹 오리지널〉에 한 달에 한 번 연재한 것이다. 밤에만 문을 여는 식당 안에서 벌어지는 갖가지 이야기로 구성돼 있다. 이 만화를 끌고 가는 화자는 주인이지만 이야기를 만드는 사람들은 이 식당을 찾는 조폭, 게이바 종업원, 한물간 엔카 가수 등이다. 사회의 실패자들처럼 보이는 사람들이 하나둘 모여 주인장이 만든 음식을 먹으면서 우정과 사랑을 나눈다. 41세에 새로운 인생을 시작한 작가의 삶의 궤적이 책에 녹아 있다. 언제든지 우리는 용기만 있다면 순수하게 '자기 것'인 삶에서 새롭게 시작할 수 있다.

방배동 서래마을에 있는 와인집 〈피노〉의 주인도 음악인생에서 와인인생으로 삶의 방향을 바꾼 이다. 와인에 폭 빠져 지난 시간 동안 자신을 채운 음악을 그저 소품으로 여긴다. 하지만 무엇과도 바꿀 수 없는 소품이다. 왜일까? 궁금해진다.

그는 십여 년 전 청춘들의 가슴에 불을 확 지른 노래 〈수요일엔 빨간 장미를〉을 부른 80년대 인기그룹 '다섯 손가락'의 멤버다. (와인으로) 삶을 바꿔도 지난 시간(음악)은 여전히 남아 있다. 음악이 아끼는 소품이 된 이유다. 음악장이가 와인에 빠진 사연이 궁금하다. "일주일에 수십만 원, 수백만 원씩 마셨다. 마실수록 신기하게

도 모든 와인은 맛이 다 다르다는 점이다. 그 매력에 홀딱 빠졌다."

1993년 한국에서 음악활동을 잠시 접고 미국 버클리음악대학으로 유학을 떠났던 그는 2000년 귀국해서 뮤지컬 등 다양한 음악 활동을 했다. 창작 뮤지컬 〈페퍼민트〉 작곡, 어린이 뮤지컬 〈부비콩타콩〉 작곡, 이승환이 소속된 〈구름물고기〉의 CEO 등.

그는 원래 위스키 같은 독주를 좋아했다. 이북에서 양조장을 했던 할아버지의 피를 이어받아 그도 역시 술꾼이었다. 하지만 그 누구도 세월의 횡포를 피해갈 수 없듯이 조금씩 몸이 축이 나더란다. 바로 그때 그가 찾아낸 것이 알코올 도수가 낮은 와인이었다. 그리고 와인을 심각하게 많이(?) 즐기다 보니 차라리 와인집을 여는 것이 낫다는 생각이 들었다. 그래서 탄생한 것이 〈피노〉다.

이 집 와인은 주인장의 입맛대로 구성되어 있다. 프랑스 와인은 보르도와 부르고뉴, 론 지역을 구분해서 준비되어 있지만 다른 곳은 나라별로만 있다. 구대륙, 신대륙 와인이 골고루 차림표에 올라 있다. 두 달에 한 번씩 와인목록이 새 옷으로 갈아입는다. 와인 가격을 획 둘러보면 가격이 그리 만만치는 않다. 마음에 드는 와인 세 병 정도 마시면 20만 원은 훌쩍 넘는다.

하지만 달콤한 와인 한줄기보다 더 달짝지근한 음악 한 소절이 있다. '연주'가 있는 집들은 어떤 먹을거리 집이든 '노래비'를 받는다. 적게는 몇천 원이지만 많게는 몇만 원이 넘기도 한다. 한 잔의 와인을 마시면서 공연비를 내는 것이다.

이곳의 오디오 시스템은 매우 훌륭하다. 음악가가 만든 것이니 오죽하겠는가! 이 씨는 중증 오디오 마니아이기도 하다. 광적인 오디오 마니아들도 부러워하는 시스템을 갖췄다. 이곳의 연주 프로그램은 주인 이 씨가 짠다. 매주 화요일 오후 9시와 10시는 이 씨가 연주를 하고 다른 날들은 재즈뮤지션, 클래식 연주자가 노래한다.

마음을 울리는 음악과 와인이 환상의 하모니가 되어 〈피노〉를 가득 채운다.

무대 밖 어둑한 곳곳의 테이블을 눈여겨보면 텔레비전에서만 만날 수 있는 인사들이 종종 눈에 띈다. 이승철 같은 가수들이나 배우들이다. 한때 이서진과 김정은이 이곳에서 데이트를 해서 유명해지기도 했다. 때때로 이승환 같은 스타가 노래를 하기도 하고 이상민(가수 비 드러머)이 연주를 하거나 배우들이 시낭송을 한다.

청각과 미각이 발달한 이두헌 씨는 신문 〈스포츠 칸〉에 '서래마을 통신'이라는 명패로 맛과 음악, 와인에 대한 글을 연재하기도 했다. 재주도 많다. 그가 지금까지 마신 와인 중에는 프랑스 특급 와인 무통 로칠드 1945년산, 1957년산, 1964년산이 있다. 1945년은 2차세계대전이 끝난 해에 만든 와인 맛이 궁금해서, 1957년은 자신의 기타가 1957년산이라서, 1964년은 이 씨가 태어난 해이기 때문에 마셨다. 그의 소원은 역사가 오래된 미국 뉴욕의 재즈바 〈블루노트〉처럼 자신의 〈피노〉도 백 년이 넘어도 사람이 찾는 명소가 되는 것이다.

몇 번의 연주가 끝나고 내 앞에 있는 와인잔을 잡았다. 쪼르륵 넘어간다. 묵직한 풀바디에 붉다 못해 검은빛이 도는 와인을 내 앞에 끌어당겨 입술을 촉촉하게 적신다. 몇 방울 목젖을 타고 내장 깊숙한 곳까지 흘러 들어가면 가뭄에 갈라진 논바닥이 비를 맞아 해갈되는 것처럼 기쁘다. 고개가 45도로 기울어지고 오른쪽 손이 턱을 받친다. 몽롱해지는 공기를 따라 저만치 무대 위에서 새롭게 시작하는 연주 소리가 나를 찾아온다. 반갑다. 와인향에 춤추고 음악 색에 어깨가 들썩인다.

흐느적거리는 어깨를 곧추세우고 집으로 향하면 책장에 걸린 한 장의 그림이 눈에 들어온다. 《심야식당》의 주인 '루'가 담배 한 모금 빨면서 나를 향해 웃는다. 작가 야베 야로가 직접 그린 그림이다. 그가 일본에서 보낸 것이다. '루'에게 〈피노〉 이야기를 전한다.

Pinot
피노

주인장이 추천하는 와인

페렝 에 피스 바케이라스 레 크리스탱(Perrin et Fils VACQUEYRAS Les Christin 2006)

첫맛은 맑고 그 안에 부케(와인의 발효와 숙성과정에서 생기는 독특한 향)가 뛰어나며 시간이 지날수록 맛이 더 좋아져서 꼭 마셔보기를 권한다. 이 와인은 일반적인 와인들과 달리 산화방지제인 이산화황이 들어가지 않았다. 그런 이유로 유기농와인이라고 불리기도 한다.

차림표

와인 프랑스 보르도 13가지 5만~28만 원 , 프랑스 부르고뉴와 론 12가지 9만~12만5천 원, 이탈리아 16가지 11만~15만 원, 아메리카 13가지 11만5천~14만 원, 칠레 16가지 8만~25만 원, 오스트리아 8가지 7만5천~5만 원, 스페인 7가지 6만~18만 원, 아르헨티나, 남아프리카 6가지 55만~135만 원, 스파클링 와인 6만~31만 원, 화이트 와인 11가지 5만5천~8만5천 원(부가세 별도).

요리 치즈&과일, 모듬과일, 모듬치즈 토마토 오븐구이, 카프레제 샐러드, 모듬 견과 등이 2만~2만5천 원대이다.(옆집 피자와 파스타 전문집 〈레드브릭〉에서 가져온다.)

정보

영업시간 저녁 7시~새벽 2시, 일요일과 설날, 추석은 휴무.

위치 서울시 서초구 반포4동 72-9 지하 1층

전화번호 02-3477-7622, pinot-noir.co.kr

망의 한마디

가격은 비싸지만 라이브 공연이 멋지다. 데이트 하기에 좋다. 가수 이두헌 씨의 팬이라면 꼭 찾아가볼 만하다.

하늘과 만나는 정원에서 일탈을 꿈꾸다

Heaven
헤븐

10

누구나 자기만의 정원을 가지고 싶어 한다. 살다가 부끄러워 꽁꽁 숨고 싶을 때, 세상사 모든 것이 귀찮을 때, 자신을 조용히 지키고 싶을 때, 행복한 날을 추억하고 싶을 때 나만의 정원이 필요하다. 온전히 자기 자신과 마주하고 싶을 때도 정원은 유용하다. 고통의 나락에 떨어졌을 때, 세상과 싸워야 할 때 가장 큰 힘이 되어주는 사람은 자신이다. 자신을 온전히 세워야만 세상사 어려움을 헤쳐 나갈 수 있다. 두렵지만 정원은 홀로 자신을 정면으로 바라볼 수 있게 해준다. 솔직한 '나'를 만날 수 있는 정원이 있다면 정말 행복한 사람이다.

마포에 있는 와인집 〈헤븐〉에 들어서면 마치 그런 정원을 만난 듯하다. 열세 평 남짓, 공간은 아담하고 소박하다. 줄지어 늘어선 화단의 꽃들은 친구다. 그 꽃들 사이로 몇 개의 식탁이 있고 그 식탁 위로는 마포를 누비고 있는 청포도 같은 하늘이 있다. 한강에서 불어오는 산뜻한 바람과 여의도 증권가에서 뿜고 있는 불빛도 친구다. 이 정원에 있으면 모든 것이 친근하다. 아마도 높은 건물로 둘러싸인 7층 건물 옥상에 정원이 있기 때문일 것이다.

〈헤븐〉은 지난 2006년 10월에 문을 열었다. 놀라지 마라. 주인장의 이름은 오지명(54) 씨와 마영달(54) 씨다. 배우 오지명 씨냐고? 그건 아니다. 마영달 씨? 어디선가 들어본 이름이다. 굵직한 기업만화에서 등장할 만한 이름이다. 친구 사이인 이들은 20년 넘게 주류사업을 하면서 10개가 넘는 술집을 열었다. 어려움이 전혀 없지는 않았지만 그 집들은 대부분 성공을 거두었다. 〈헤븐〉의 아래층에 있는 술집 〈재즈〉도 이들이 만든 공간이다. 〈헤븐〉은 이들이 정성을 들인 열두 번째 정원이다. 오지명 씨의 고향은 광주고 마영달 씨는 안동이다. 한마디로 동서화합이다. 두 사람은 사회생활을 시작하면서 만나 그 우정을 지금까지도 지켜오고 있다.

계절의 변화에 따라 정원은 더욱 아름다운 모습으로 거듭난다.

〈헤븐〉의 정원에는 꽃만 있는 것이 아니다. 포도나무, 산머루 나무도 있다. 자세히 살펴보면 나뭇가지 사이로 포도들이 별만큼, 손에 박힌 주름만큼 주렁주렁 달려 있다. 1년에 몇 번씩 다시 심는다.

와인보다, 치즈 몇 조각의 맛보다 툭 터진 정원이 이 집에서 최고로 맛난 것이다. 어떻게 사람들이 알았는지 옥상에서 마시는 와인의 맛이 소문나서 사람들이 많이 찾는다. 봄이면 꽃 자랑, 여름이면 바람 자랑, 가을이면 고독 자랑, 겨울이면 눈 자랑을 저절로 할 수 있는 곳이다. 첫눈 오는 날 하얗게 쌓인 눈 사이에서 붉은 와인을 마시면 새 세상을 만난다. 와인색만큼 붉은 난로가 친구가 되어준다. 이 옥상은 원래 두 사람의 사무실이었다. 와인 바람이 불기 시작하자 사업감이 탁월한 두 사람은 이곳에 작은 와인바를 열면 좋겠다고 손뼉을 쳤다.

두 사람은 20년 넘게 주류업에서 일한 탓에 술에 관해 아주 미세한 혀와 감각을 가지고 있다. 이 감각을 한껏 발휘해서 많은 와인들을 마셔본 다음 대중적이고 읽기 쉬운 이름을 가진 와인들을 골랐다. 와인 교육을 단단히 받은 소믈리에도 고용했다. 차림표에는 와인이름 옆에 빈티지가 적혀 있지 않아 손님들이 와인을 고를 때 빈티지에 대해 직접 물어본다. 프랑스 와인은 약 25가지가 있다. 이탈리아 와인은 약 12가지, 미국 와인과 칠레 와인은 각각 3가지, 16가지가 있다. 오스트리아나 아르헨티나 같은 신대륙 와인은 적다.

마 씨는 여행과 사진을 좋아하는 낭만파다. 그림 그리기를 좋아하는 그는 먼발치에서 보면 화가처럼 보인다. 그는 기회가 오면 사진갤러리 카페를 만들고 싶단다. 열세 번째 작품이 이 땅 어디선가 뚝딱 하고 나올지도 모르겠다.

　이 집 이름이 〈헤븐〉이 된 이유는 단순하다. 두 사람이 인테리어 작업을 마치고 멍하니 자신들의 정원을 보고 있자니 '천국' 같은 생각이 들더란다. 자신을 멈춰진 시간 속에서 온전히 바라보게 한 정원, 부질없는 희망도, 빛바랜 낙관도, 지나친 비관도 없이 자신을 바라보게 하는 정원, 〈헤븐〉. 그 정원을 우리들에게도 열었다.

　이곳에서 친구들과 와인 몇 잔을 기울일 때마다 이런 생각이 들곤 했다. 나는 '천국보다 낯선' 곳을 피하기 위해 이 정원으로 숨어든 것은 아닐까? 와인이 선물한 몽롱한 기운이 나른하고 유치한 생각을 만든다. 간판 때문이다. 간판을 볼 때마다 짐 자무시 영화 〈천국보다 낯선〉(Stranger Than Paradise. 1984)이 생각났다. 주인공 에바가 된 느낌이다. 가보지도 않은 천국보다 낯선 곳이라면 도대체 얼마만큼 큰 고독과 쓸쓸함을 선사하는 곳이란 말인가! 그곳을 헤맸던 에바! 우리 모두의 안에는 에바가 있다. 에바처럼 낯선 곳을 피해서, 낯선 곳이 주는 고통을 이기기 위해서 '나만의 정원'을 마련하면 어떨까!

　〈헤븐〉의 겨울 눈밭에서 붉은 와인 한 방울 떨어뜨리고 돌아와 '천국보다 낯선' 색채를 다시 느껴봐야겠다.

1 햇살을 가득 담은 와인은 달콤하기만 하다. **2** 도심 속에서 자연과 함께 잠시나마 마음의 여유를 갖는다. **3** 주인장이 추천하는 와인. **4** 도시의 옥상이라고 믿겨지지 않을 만큼 자연스럽다.

HEAVEN

헤븐

주인장이 추천하는 와인

베라짜노 키안티 클라시코(Verrazzano Chianti Classico)

이탈리아 와인으로 붉은 루비 색상의 체리와 블랙베리 등 풍부한 과일향과 붉은 장미향을 가지고 있다. 산도와 타닌이 밸런스를 잘 이루어 있어 부담없이 마실 수 있다.

차림표

와인 프랑스 레드 와인 약 5만~200만 원(샤토 마고, 샤토 무통 로칠드 등), 이탈리아 레드 와인 약 5만~45만 원, 캘리포니아, 오스트리아, 아르헨티나, 스페인 레드 와인 5만~20만 원, 화이트 와인과 아이스 와인 6만~26만 원.

요리 치즈와 과일, 브라운 소스를 곁들인 스테이크, 계절과일, 치즈와 살라미, 모듬 소시지, 햄 치즈 등 2만5천~4만 원 (모두 부가세별도).

정보

영업시간 오후 7시~새벽 2시, 연중 무휴

위치 서울시 마포구 용강동 51-8, 마포역 1번 출구에서 마포주차장으로 걸어와서 입구에 있는 건물 8층에 위치.

전화번호 02-718-4033

양의 한마디

가격이 비싸며 와인목록도 정교하지 않다. 와인 안주도 그다지 푸근하지 않다. 하지만 옥상 풍경만은 여느 집과 비교가 되지 않는다. 하늘을 배경 삼아 마시는 와인 맛이 최고다.

PART 2
매혹적인 맛의 향연을 펼치다

맛있는 요리와 향긋한 와인은 사람과 사람을 이어주는 특별한 마력이 있다. 함께
있어 즐거운 사람이 있다면 맛깔스러운 요리와 와인이 있는 이곳으로 떠나보자.

개화옥 | 구란구스또 | 나물 먹는 곰 | 리탈리아미아 | 빨간 차고
셰프 마일리 | 아비치로마 | 올리브 앤 팬트리 | 올리브트리 | 카테리나

소박한 밥상
위로

자연과
맛이

향연을
펼치다

Gaewhaok
개화옥

01

20년 전 경상북도 한 고을에서 두 청년이 서울로 올라왔다. 대학 시험을 치르고 면접을 보기 위해서였다. 긴장된 면접을 마치고 학교 앞 분식점으로 향했다. 차림표를 둘러보다가 '충무김밥'을 골랐다. 인심 좋게 생긴 아줌마가 넓적한 배를 출렁거리면서 충무김밥을 내왔다. 으흠! 배고프다! 두 청년은 젓가락을 집는 순간 황망한 상황을 접하고 분노에 치를 떨었다. "아니, 시골에서 올라왔다고 사람을 무시하는 겁니까!" 냅다 소리를 지르면서 아줌마에게 달려갔다. "김밥 안에 밥밖에 없잖아요. 단무지도 없고 소시지도 없고" 청년들의 푸른 수염이 파르르 떨렸다. 그 순간 분식점 안은 박장대소, 웃음꽃이 피었다. 아줌마는 차근차근 '충무김밥'이라는 음식에 대해 설명을 했다. 두 청년은 귀담아 듣고는 쑥스러운 웃음을 지었다. 그 이후 이 아름다운 무공해 청년들은 진솔한 신념을 가진 훌륭한 유명인으로 성장했다.

　살면서 먹어보지 못한 음식을 접하면 누구나 당황하고 오해를 하기도 한다. 하지만 그 음식의 '이유'를 알고 조금씩 '만남'을 지속하다 보면 '이해'하고 '사랑'하는 감정이 생긴다.

　처음 〈개화옥〉의 '마 샐러드'를 맛보곤 깜짝 놀랐다. 아무런 맛도 느낄 수 없었다. 무색무취라고 할까. 향기 없는 지루한 이를 만난 듯했다. 하지만 두 번 세 번 맛보면서 이런 첫 느낌이 사라지기 시작했다. 그리고 마치 발동이 늦게 걸리는 술꾼처럼 그 속으로 점점 빠져들어 갔다. '마 샐러드'는 채 썬 생마를 김에 말아 먹는 음식이다. 마를 간장과 고추냉이에 살짝 찍어 먹어도 된다. 아삭한 식감, 김을 둘렀을 때 또 다른 맛, 끈적끈적한 점성이 입 안을 휘두르는 맛깔스러움……. 거기에서 나는 향내엔 자연이 묻어 있다.

　'마 샐러드'뿐만 아니라 '된장국수'도 별나다. 수제비 같은 면

얼큰하면서도 구수한 된장국수.

발이 된장을 푼 국수에 얼큰하게 담겨 나온다. 된장이 만난 최고의 야릇한 애인이다. 기교는 전혀 없다. 그저 좋은 물에 된장을 풀어 청양고추로만 매운맛을 냈다. 온갖 산해진미를 맛보고 일어서기 전에 뱃속에 걸치는 음식이다.

이런 토속적인 음식 사이로 와인잔들이 보인다. 자신이 좋아하는 와인을 가져가서 마시는 이가 많다. 콜키지 차지(Corkage Charge, 자신이 좋아하는 와인을 와인집이나 음식점에 가져가서 먹을 때 와인잔 등을 사용하는 비용)는 3천 원이며 디캔팅(Decanting, 와인을 공기에 노출시켜 산화, 증발시키는 것으로 맛이 더 좋아진다. 흔히 디캔팅을 하면 맛이 '갇혀 있다'가 '열린다'고 말한다.) 비용은 무료다. 여기저기서 디캔팅을 하는 모습이 보인다. 이곳에 가면 누구나 소믈리에가 될 수 있다. 주인장이 준비한 와인목록에서 와인을 골라도 된다.

주인 김선희(38) 씨는 30년간 서울 압구정동에서 산 토박이다. 자신 있게 압구정동에 〈개화옥〉을 연 이유다. 하지만 만만치 않았다. 이전에 패션 전문지 기자, 패션회사 홍보 직원을 했으니 당연히 먹을거리에 대해서는 아는 것이 적었다. 다만 '맛'을 좋아하는 열정은 그 누구에게도 뒤지지 않았다.

그는 처음부터 비즈니스 관점에서 접근했다. 서점에 가서 먹을거리로 돈을 번 음식 명문가들의 책을 읽고, 부지런히 발품을 팔아 시장조사도 했다. 다른 음식점들을 돌아다니면서 맛을 보는 데만도 1천만 원을 훌쩍 넘는 돈이 들었을 정도다. 나름대로 철저한 준비를 했음에도 문을 열고 나서 첫 2년간은 적자를 벗어나지 못했다. 3년째 돼서야 맛이 좋다는 소문이 나면서 자리를 잡기 시작했다. 지금은 예약을 해야만 맛난 음식을 먹을 수 있을 정도로 손님들이 늘었다. 주문한 음식이 나오기 전에 '짠' 하고 등장하는

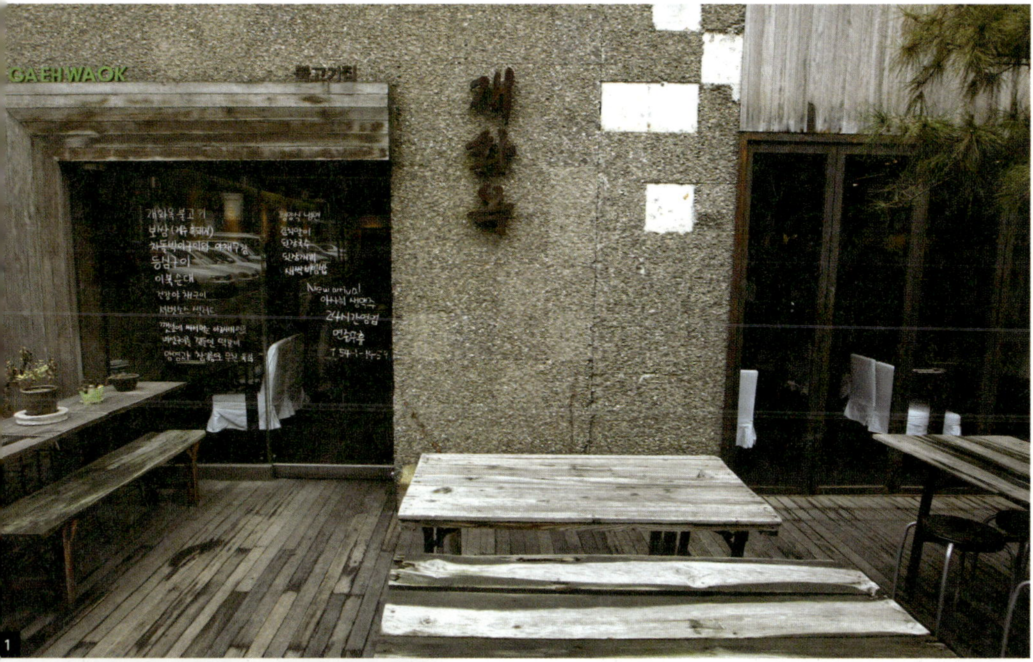

1

2

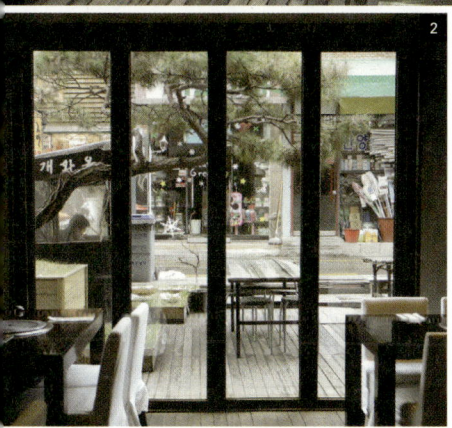

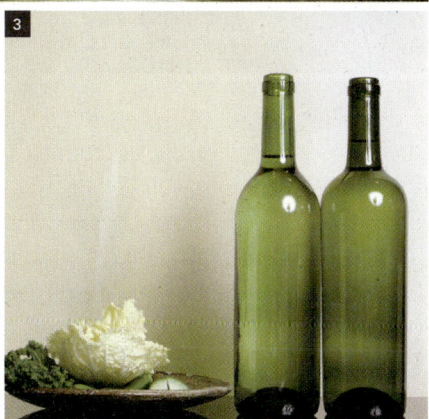

1 소박한 외관이 부담없이 발걸음을 하게 만든다. **2** 비오는 날엔 창 밖을 바라보며 요리와 와인을 음미할 수 있다. **3** 자연을 그대로 먹는 것처럼 모든 재료에 싱싱함이 가득하다.

3

4 정갈한 내부에 전시된 작품들이 보는 즐거움을 준다. 5 재료 자체의 맛과 향을 음미할 수 있는 개화옥만의 식전 먹을거리. 6 〈개화옥〉 불고기.

고구마, 옥수수, 마늘은 이 집의 인기비결 중 하나다. 양념도 하지 않은 채 구워져서 놋그릇에 소담하게 담아 나온다. 구운 음식 맛이 주는 담백한 향이 온 〈개화옥〉 안을 채운다.

〈개화옥〉은 주방이 2곳에 나뉘어 있다. 하나는 인근 오피스텔에, 다른 하나는 〈개화옥〉 안에 있다. 오피스텔 주방에서는 소스를 만들고 〈개화옥〉 주방에서는 육수와 요리에 들어가는 다른 재료들을 만든다. 한 요리가 완성되려면 두 주방의 작품이 합쳐져야 한다. 업무와 힘을 분산시킨다는 김 씨 나름의 음식점 조직 관리 방식이다. 김 씨는 이렇게 하면 요리사들의 부담을 덜어주는 장점도 있다고 말한다.

〈개화옥〉은 21세기 미술작품들을 건 갤러리처럼 현대적이다. 그 세련된 풍광 안에 우리네 투박한 요리를 담았다. 자연이 내려준 향기와 맛 그대로를 최대한 살려서인지 함께 마시는 와인마저도 물 건너 들어온 술 같지 않다.

Gaewhaok
개화옥

주인장이 추천하는 와인

샤마레 그랑 리저브 카베르네 소비뇽 (Chamarre Grande Reserve C.S.) 2006

프랑스 와인으로 맛이 깊고 진하다. 주인장은 이 와인이 한식과 매우 잘 어울린다고 말한다. 코르크 마개를 따자마자 느끼는 맛과 공기를 한동 안 접한 후의 맛 모두 독특해서 좋다. '퍼포먼스가 있는 와인'이라고 칭 할 정도로 색다른 맛을 느낄 수 있다.

차림표

와인 프랑스, 이탈리아, 독일 등 7개 나라의 58가지 와인을 보유하고 있다. 독일 와인이 많으며 가격은 3만~5만 원대이다.

요리 개화옥불고기, 등심구이, 보쌈, 차돌박이구이와 야채무침, 셔벗소스 야채샐러드, 마샐러드, 된장국수, 된장찌개, 김치말이 등이 있다. 1만5천~3만5천 원대이다 (부가세 별도).

정보

영업시간 24시간 영업

위치 강남구 신사동 661-18 정동상가 107호

전화번호 02-549-1459, http://www.gaewhaok.com

망의 한마디

와인과 한식을 함께 즐길 수 있는 곳이다. 나이 드신 집안 어른이나 직장 상사를 모기고 가기에 좋다.

요리에 빠진 **남자와**

와인에 취한 **여자를**

만나다

Gran Gusto
구란구스또

02

〈구란구스또〉는 맛계에서 유명한 집으로 요리 잡지나 블로거들의 놀이터에 자주 등장한다. 올해로 5살인 〈구란구스또〉의 성공 요인은 주인 김경태(53) 씨가 오랫동안 마음에 품었던 고집 때문이다. 그는 20대 유학시절부터 자신만의 맛집을 만들어서 사람들과 먹을거리를 나누고 싶다는 고집을 가졌다.

고집의 시작은 미국에서 MBA 과정을 밟을 때부터다. 그는 당시 미국에서 먹었던 음식 맛에 큰 충격을 받았다. 원래 음식에 관심이 많았는데 유학생활을 하면서 식재료의 다양성, 세계 각국 음식들의 차이를 몸소 느끼고 감동을 받았다.

1980년대 초였으니 그 충격이 짐작이 간다. 지금은 우리네 거리에서도 이탈리아 레스토랑이나 두바이 음식점 같은 곳이 흔하지만 그 시절에는 상상조차 힘들었다. 그는 1985년 한국에 돌아와서 그 감동을 작은 퓨전 음식점에서 펼쳤다. 하지만 곧 절망이 따라왔다. "부모님의 반대가 너무 심했다. 장남인데다가 유학을 갔다 온 녀석이 갑자기 전공을 버리고 음식점을 한다고 하니 놀란 것은 당연하다." 우리나라에서 '장남'이라는 단어는 무서운 힘을 발휘한다. 그는 결국 음식점 문을 닫고 부모님이 원하는 대로 사업을 시작했다. 하지만 '고집'은 언제나 호시탐탐 그를 괴롭혔다. 소중한 것을 어디엔가 두고 '찾아야지, 찾아야지' 하면서 괴로워하는 아이와 같았다. 그리고 그의 나이 마흔일곱에 결국 일을 저질렀다. 더 늦기 전에 시작하자 결심하고 〈구란구스또〉를 연 것이다. 실패할지 성공할지 당시로서는 아무도 알 수 없었다.

2004년 맛계는 그가 처음 맛의 충격을 받았던 80년대 초와는 달리 날고 기는 '선수'들이 많았다. 미국, 이탈리아, 프랑스 등에서 요리를 공부하고 온 유학파들로 득시글거렸다. 그들과의 경쟁은 피할 수 없는 한판 승부였다. 두려운 일이었다. 시험을 보러 학

전통이 있는 맛을 이어갈 〈구란구스또〉
의 내부 전경.

교에 가는데 1등 자리를 놓고 다투는 녀석이 S대 출신 선생님에게 과외를 받았다는 사실을 알아버린 기분이라고나 할까!

하지만 그의 마음속에는 맛에 대한 확고한 신념이 있었고 결국 그 신념이 지금의 〈구란구스또〉를 만들었다. '전통은 오래 지속된다.' 그는 별의별 퓨전음식이 등장하고 신기한 요리들이 개발되더라도 우리 혀를 오랫동안 휘감는 것은 '전통이 있는 맛'이라고 생각했다.

이 신념을 세상에 펼치기 위해 그가 처음 한 일은 맛을 연구하는 것도, 좋은 식재료를 구하는 것도 아니었다. 뜻밖에도 건물을 짓는 것이었다. 전통은 긴 시간이 필요하다. 그 시간을 붙잡아두기 위해서는 건물이 필요했다. 이곳저곳으로 옮겨다니지 않고 한 자리를 지키는 것이 전통을 세우는 첫 번째 일이라고 생각했다. 유명세 타는 음식점도 몇 년 뒤에 흔적도 없이 사라지는 경우가 많다. 이유야 다양하겠지만 건물주와 임대료 협상에 실패한 경우가 대부분이다. 7, 8년간 종로구청 앞에서 맛난 과메기와 소라를 선보였던 ○○음식점도 그런 경우다. 그 집은 맛이 문제가 아니었다. 주인은 자꾸만 올라가는 임대료를 감당할 수 없어 떠날 수밖에 없었다. 〈구란구스또〉에게는 그런 일은 없을 것이다.

그는 처음부터 이탈리아 레스토랑을 열 생각은 아니었다. 시작 당시에는 중국 광동요리를 준비했다. 사천식, 북경식 요리를 준비하고 미국에 뿌리 내린 중국음식도 준비했다. 그는 그중에서 특히 국수요리에 관심이 가더란다. 국수가락을 잘 뽑는 데 힘을 기울였다. "에그누들 완통에 들어가는 생면을 뽑는 게 쉽지 않더라." 자신이 만들고 먹어보는 과정이 이어졌지만 한 번도 만족스럽지 않았다. 이 좌절은 그의 〈구란구스또〉가 이탈리아 레스토랑으로 변신하는 데 결정적인 이유가 되었다.

이탈리아 음식이야말로 우리나라 사람들의 입맛과 잘 맞는다고 판단했고 본격적으로 이탈리아 음식을 공부하기 시작했다. "미국 맨해튼에 보름 동안 꼼짝 않고 처박혀서 맛만 봤다. 한마디로 먹으러만 다녔다." 현장실습인 셈이다. 그 경험을 바탕으로 한국에 와서 자신의 솜씨를 펼치기 시작했다. 요리에 타고난 재주와 감각이 큰 도움이 되었다. "어떤 재료를 보면 어떻게 조리하면 되겠다는 생각이 퍼뜩 든다. 어릴 때부터 다양한 요리를 먹은 것이 도움이 되었다." 이 타고난 재주 때문에 20대부터 요리를 만들어 친구들을 집으로 초대해서 먹이곤 했고 그때마다 친구들의 감탄이 이어졌다.

김 씨의 〈구란구스또〉에는 몇 가지 원칙이 있다. '오늘의 메뉴'가 매일 바뀌고, 식재료는 그날그날 소비할 양만 구입하고, 가격에 구애받지 않고 좋은 재료를 사는 것. 이 외에도 요리를 하면서 배운 내용은 결코 잊지 않는 것. 음식에 맞는 와인도 준비했다. 와인은 소믈리에 권지혜(31) 과장에게 맡겼다. 그는 서울와인스쿨을 졸업한 재원이었다.

이탈리아 레스토랑답게 이탈리아 와인이 가장 많다. 200여 가지의 와인은 고정으로 두고 15~20가지는 늘 새로운 것들로 채운다. 신대륙 와인은 약 13가지 정도만 있다. 샤토 무통 로칠드 같은 명가의 와인도 있다. 와인 가격은 3만 원부터 시작한다.

그의 소망은 60세까지 주방을 책임지는 요리사를 하고 그 이후에는 유능한 이에게 맡기는 것이다. 80세까지 살아서 30주년 행사도 꼭 하고 싶단다. 그의 이런 '고집'도 꼭 이루어질 것이라는 생각이 든다. '아름다운 구속'이 아니라 '아름다운 고집'이다. 김 씨가 20대에 세운 '고집'이 〈구란구스또〉 곳곳에 배어 있다.

한국인의 입맛에 맞는 이탈리아 요리와 와인은 환상의 맛을 이룬다.

Gran Gusto
구란구스또

소믈리에가 추천하는 와인

산타고스티노 바길로 소리아(Santagostino Baglio Soria)

이탈리아 시칠리아에서 생산되며 과일향이 풍부한 미디엄 바디(Body,
와인의 바디감은 와인을 마셨을 때 입 안에서 느껴지는 밀도감이나 무게감을 나
타낸다. 미디엄은 너무 가볍지 않은 정도다.) 와인이다. 고기와 잘 어울리고
스파이시한 맛이 매력적이다. 초보자가 마시기에는 강한 산미가 부담스
러울 수 있으니 염두에 두길 바란다.

차림표

와인 가격대는 3만 원에서 수백만 원까지 있다. 이탈리아 와인이 가장 많다. 하우스 와인과 350ml 양의 와인도 다양하게 있다.

요리 코스요리 3만9천 원, 4만9천 원, 7만5천 원 / 단품요리(파스타 스테이크 등) 2만 ～3만8천 원(부가세 별도)

정보

영업시간 평일 낮 12시～오후 3시, 오후 6시～새벽 2시 / 주말 저녁은 10시까지만 영업한다. 구정과 추석 모두 전날과 당일 이틀씩만 휴무.

위치 서울 강남구 대치3동 962-11번지 엘포트빌딩1층, 대치역에서 대치사거리 방향으로 가는 길 오른편.

전화번호 02-556-3960, http://www.grangusto.net

망의 한마디

2층도 있으며 20명 이상 단체 모임을 하기에 좋다. 술보다는 분위기 있는 저녁시사에 더 적합하며 어른들을 모시고 가기에도 좋다.

한식과
와인에
빠진
맛쟁이들을
만나다

Greens,
Eat, Gom
나물 먹는 곰

03

서울 마포구 홍익대 근처, 이른바 '바이더웨이 사거리'라고 불리는 먹을거리 골목, 그 안에 〈어머니와 고등어〉란 맛난 집이 있다. 6년 전에 생긴 이 집은 단골이 아니고서는 찾기가 힘들 정도로 꼬불꼬불 외진 곳에 있다. 무인도처럼 외롭고 정처 없는 곳에 둥지를 틀었지만 홍대 먹자골목의 맛쟁이들과 예술쟁이들에게 단박에 인기를 얻었다. 소문난 맛집이 그렇듯이 이 집도 방송과 종이 매체를 꽤 탔고, 유명한 아나운서의 단골집이라거나 가수 김창완의 노래를 따서 이름을 지었다거나 여러 가지 재미난 이야기들이 많다.

이 집의 맛은 차강득(78) 할머니가 빚어내고, 굴렁쇠처럼 잘 굴러가게 하는 일은 아들 김진한(41) 씨가 한다. 차 씨가 사는 집이기도 한 이곳은 아들 김 씨가 울산에서 어머니를 모시고 올라오면서 마련한 곳이다.

그런데 요즘 이곳에선 요상한 일이 벌어지고 있다. 아침 10시가 넘어가면 할머니가 사라지는 것이다. 할머니의 행방을 묻는 사람들에게 주방에 있는 아줌마가 "할머니를 보려면 한 블록 지나 〈나물 먹는 곰〉에 가보라."고 귀띔해준다.

걸음을 재촉해서 그곳을 찾았다. 귀엽게 생긴 곰이 간판 속에서 반갑게 맞는다. 너른 2층 양옥집에, 작은 마당까지 있다. 단정하고 깔끔하다. 사람들이 버린 자개농이 다듬어져서 멋진 인테리어로 변신했고 2층에는 와인잔들이 천장에서 딸랑거린다. 이곳도 맛은 차 씨가, 운영은 김 씨가 한다.

차림표에서 가장 눈에 띈 요리는 '나물곰 세트'였다. '아사곰 비빔밥', '빨간곰 비빔밥', '노란곰 비빔밥' 세 가지가 있다. 아들 김 씨는 '동네 백반집에서도 와인 한잔 편하게 먹자!'라는 생각으로 이곳을 만들었단다. '빨간곰 비빔밥'은 비빔밥과 와인 한잔, '아사

1 나무로 만든 커다란 문이 인상적이다. 2 봄과 가을에는 밥을 먹을 수도 있고 겨울에는 한적하게 여유를 즐길 수 있다. 3 전통과 현대가 자연스레 어우러져 있다.

푸근한 정으로 맛깔스런 요리를
만들어내는 차강득 할머니.

곰 비빔밥'은 비빔밥과 아사히 맥주, '노란곰 비빔밥'은 비빔밥과
국내 전통술로 구성돼 있다. 와인이 비빔밥과 만났다! 맛이 어떨
까? 궁합이 맞을까? 마음속에 보글보글 올라오는 의심은 할머니
의 비빔밥을 먹어보고 사라졌다. 솜이불처럼 푸근한 사람은 척박
한 대지의 어떤 것도 포용할 수 있다. 할머니의 비빔밥이 그랬다.
서양에서 건너온 와인도 비빔밥은 건강하게 껴안았다.

할머니의 비빔밥에는 국산 고사리, 도라지, 콩나물, 무채, 버섯,
미나리나 시금치, 취나물이 들어가며 고향에서 가져오는 고춧가
루, 참기름을 양념으로 쓴다. 참기름 인심은 좋은 편이다. 50병이
열흘을 못 버티고 사라진다. 김치도 직접 담그고 지하에 큰 독이
50개 이상이나 있다.

쓱쓱 비비면, 나물마다 다른 질감과 결이 살아난다. 다른 색깔
로 꽃단장한 나물들이 입 안으로 들어와 하나의 맛을 이룬다.《재
크와 콩나무》의 넝쿨처럼 칭칭 혀를 감지만 부드럽다. 와인을 한
모금 쏙 빨아서 푸르른 나물들 위로 붉은색을 뿌린다. 장이머우
감독의 영화 〈붉은 수수밭〉의 색감처럼 식감이 붉게 날개를 펴기
시작한다. 담백한 나물에 쌉싸래한 와인 특유의 향과 맛이 보태져
서 다른 곳에서 보기 힘든 비빔밥이 만들어지는 것이다. 〈나물 먹
는 곰〉 아래에는 〈곰샵〉이라는 와인숍이 있다,

할머니가 비빔밥만 맛보지 말고 곰탕도 먹어보라며 손을 잡아
끈다. "이 곰탕도 맛있다. 경상도 언양 한우를 재료도 쓴다. 우리
집이 원래 대구에서 넉넉한 집이었기 때문에 어렸을 때 고모님
이 하던 대로 만들었다." 곰탕은 소금을 넣지 않아도 맛있다. 싱
거운 것이 감칠맛을 더 돋운다. 곰탕 위에 둥둥 떠 있는 고기는 화
장한 여자의 볼때기처럼 탄력이 있다. 여름비가 들이쳐서 쌀쌀해
질 때 대청마루에서 따끈한 이 곰탕을 먹으면 인생의 여한이 없을

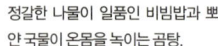
정갈한 나물이 일품인 비빔밥과 뜨
안 국물이 온몸을 녹이는 곰탕.

듯하다.

거친 경상도 사투리가 툭툭 튀어나오는 차 할머니는 어린 시절
밭에 일 나간 어머니 대신 구부정한 허리를 ㄱ자로 하고 밥상을
차려주던 우리네 할머니들과 같다. 그 정겨운 기운이 돌아가신 외
할머니를 만난 듯 따스했다. 차 할머니는 35년 전에 할아버지가
돌아가시자 '공부 잘하는 세 아들'을 뒷바라지하기 위해 기숙여
관을 했다. "우리 집은 한 달 전에 예약하지 않으면 방 잡기 힘들었
다. 도민체전 하면 다 우리 집에서 기숙하려고 했지. 내 밥을 좋아
했어."

대구가 직할시로 바뀌면서 운동선수들의 발걸음이 예전만 못
하자 할머니는 버스 기사의 끼니를 챙겨주는 기사식당을 했다. 버
스 기사들은 다른 곳으로 갔다가도 할머니의 식당이 그리워서 찾
아왔을 정도라고 한다. 곁에 있던 아들 김 씨가 한마디 거든다. "우
리 어머니 김밥은 유명했다. 울산 바닥에서 차 할머니 김밥을 모
르면 울산 사람이 아닐 정도였다." 울산은 대구의 버스 기사식당
일이 너무 힘들어서 간 곳이라고 할머니는 말한다. "도와주는 사
람도 없고. 사기도 좀 당하고. 울산에 가서 시장거리에서 김밥을

말아 팔았다. 인기 좋았지. 800~1,000개 김밥 주문이 들어오는 날은 졸면서 김밥을 기계처럼 말았다."

수년 전 할머니는 막내아들 김진한 씨가 있는 서울로 올라왔다. 가슴 저미는 집안 사정이 있었지만 젊은 사람들과 바쁘게 일하다 보니 잊을 수 있어서 좋다고 담담하게 말한다.

아들 김 씨는 독립영화 〈햇빛 자르는 아이〉를 연출한 영화감독이다. 영화 〈8월의 크리스마스〉에선 미술감독을 맡기도 했다. 이제 차 할머니는 아들을 닮은 이들에게 포근한 맛을 나눠주며 세상 살이를 이어갈 것이다.

Greens,
Eat, Gom
나물 먹는 곰

주인장이 추천하는 와인

원티드 갱(Wanted Gang)

프랑스 론 지역에서 생산되며 론의 대표적인 와이너리 주인 3명과 네고
시앙(와인 상인. 와인 생산자로부터 와인을 사서 블렌딩, 숙성, 병입 등을 한 후 자
신의 이름으로 와인을 유통시키는 업체) 1명이 뭉친 론갱(Rhône gang: 와인 프
로젝트 그룹)이 만든 와인이다. '원티드 갱'은 론 갱 3개의 샤토 중 가장 오
래된 포도나무에서 만든 고급 와인이다. "프랑스 와인을 좀더 쉽고 즐겁
게 마시자."라는 생각으로 만들었다. 주인장은 〈나물 먹는 곰〉이 한식의
고급화를 지향하는 곳은 아니라며 가벼운 프랑스 와인을 지향하는 론갱
과 어울린다고 말한다. 한식과 잘 어울리는 와인이다.

차림표

와인 와인숍 〈곰샵〉에서 구입. 약 120가지 정도가 구비되어 있으며 프랑스와 이탈리아, 미국산이 많다. 가격대비 만족도가 높은 것을 많이 구비하고 있으며 샴페인 목록도 많다. 가격은 1만~4, 50만 원대다.

요리 뚝배기불고기 소반, 돼지 수육, 어머니찜닭, 배추지지미 등 4천~2만5천 원, 나물곰비빔밥 소반 7천 원, 나물곰세트(아사곰 비빔밥 소반, 빨간곰 비빔밥 소반, 노란곰 비빔밥 소반, 까만곰 비빔밥 소반) 1만1천~1만3천 원이다.

정보

영업시간 오전 12시~오후 11시 (요리 주문 마감은 10시)

위치 서울시 마포구 서교동 395-199

전화번호 02-323-9930/ 곰샵 02-325-7191

망의 한마디

2층과 정원이 있어서 단체 모임을 하기에 좋다. 가볍게 한식과 와인 한잔 마시기에 적절하며 늦게까지 '술 푸기' 하는 장소는 아니다.

한국적인
이탈리아의

맛을

느끼다

L'italia Mia
리탈리아미아

04

예사롭지 않은 풍채의 남자가 머리카락을 쥐어뜯고 있다. 그의 옆에는 크기가 다른 장작이 수북하게 쌓여 있다. 그는 장작을 골라 태운 후에 자신의 노트에 뭔가 적는다. "으흠." 그의 머릿속에는 번쩍번쩍 아이디어가 떠오른다. 옷장에서 긴 비단 천이 스르륵 흘러내리는 것처럼 바람이 산중턱에서 살금살금 다가오자 그제야 땀을 닦는다. 며칠 뒤 그는 주방 밖에서 나무를 자동으로 자를 수 있는 톱과 그 나무를 주방으로 옮기는 기계(컨베이어 벨트 같은)를 발명했다. 1400년대다. 너무 놀라운 일이다. 주방을 더 편리하게 만든 것이다. 그런데 발명 전에는 자른 나무를 주방으로 옮기기 위해 3~4명의 남자가 필요했다면, 지금은 5~6명이 필요하게 되었다. 결과적으로 비효율적인 것이 돼버렸다. 그는 누구일까?

그는 바로 레오나르도 다빈치다. 1452년에 태어난 그는 화가, 발명가, 요리사이다. 그를 후원하는 귀족은 루도비코 스포르차(Ludovico Sforza) 밀라노 총독이었다. 1492년 그는 자신을 후원하는 루도비코의 결혼식을 위해서 멋진 케이크 하우스를 만들었다. 결혼식에 초대된 사람들은 그가 만든 케이크 문을 지나 케이크 의자에 앉아서 케이크 식탁에 놓인 케이크를 먹어야 했다. 그런데 결혼식 전날 큰일이 벌어졌다. 이탈리아의 모든 쥐들이 몰려온 것이다. 엄청나게 큰 케이크가 들판에 서 있었으니! 이렇게 그가 '사고'를 칠 때마다 쫓겨날 법도 한데 탁월한 그림솜씨가 그를 구했다. 루도비코의 아내를 그린 초상화가 더없이 아름다웠기 때문이다.

자신이 좋아하는 일과 잘하는 일이 같으면 얼마나 좋을까! 그는 요리를 좋아했다. 1473년에는 〈세 마리 달팽이〉라는 음식점에서 요리사로 일했다. '안초비 한 마리와 예술품처럼 깎은 당근 네 조각' 같은 요리를 만들었다. 끊임없이 창의적인 요리를 개발했다. 요리를 좋아하다 보니 주방 환경을 개선할 각종 기계들도 즐

눈으로 먼저 맛을 느낄 수 있는 이탈리아 요리를 선보인다.

중세의 인물들과 함께 마시는 와인은 그 어느 것보다도 향기롭다.

겨 만들었다. 그림 〈최후의 만찬〉도 만약 '만찬'이라는 소재가 없었다면 그 일을 맡지 않았을 것이라는 뒷이야기가 있다. 친구와 함께 〈산드로와 레오나르도의 세 마리 개구리 깃발〉이라는 음식점도 열었지만 망했다. 좋아하는 일에서는 성공의 그림자가 약했다.

《레오나르도 다빈치, 한 천재의 은밀한 취미》는 읽을수록 그를 키운 이탈리아로 여행 가고 싶게 만든다. 그의 그림을 볼 때면 '장난 아닌 식탐'으로 인해 어린 시절 '뚱보'라고 불린 레오나르도 다빈치가 닭다리를 뜯어먹고 있는 풍경이 머릿속에 그려진다.

2008년 3월에 문을 연 〈리탈리아미아〉는 이탈리아 여행 대신 찾은 곳이다. 이탈리아 음식과 와인이 풍성하다. 이탈리아 요리사 안드레아 주콜로(32)와 요리사 김형래(35) 씨가 음식과 와인을 책임지고 있다. 두 명의 요리사가 더 있는데 이들 모두 이탈리아 국제요리학교 ICIF(Italian Culinary Institute for Foreigners)를 졸업했다. 김형래 요리사는 2000년에 ICIF를 마치고 신라호텔에서 5년간 근무했다. 한국에서 호텔경영학을 전공했고 남산에 있는 〈뷰빌〉을 직접 운영하기도 했다. 김 씨가 〈리탈리아미아〉와 인연을 맺게 된 것은 ICIF 한국 분교를 준비하던 사람 때문이다. 그 사람과 〈리탈리아미아〉 사장은 친구 사이다.

김 씨는 이탈리아 북부 요리에 현대적인 생각과 분위기, 한국을 가미했다. 한국적인 이탈리아, 한국을 의식하는 이탈리아를 만들고 싶었다. 그는 특유의 섬세하고 예민한 요리기술을 〈리탈리아미아〉에서 발휘하고 있다.

이곳은 접시나 식기류들도 고급스럽다. 식재료도 한국에서 구할 수 있는 것은 최대한 구하지만 이탈리아에서 가져오는 것도 많다. 이곳에서 가면 벽 한쪽에 그려진 커다란 귀족의 초상화를 만난다. 유럽풍 분위기를 만들기 위해서 걸어둔 것이겠거니 했는데 〈리탈리아미아〉의 철학이 숨어 있었다.

초상화 속의 여인은 마리 드 부르고뉴(Mary Duchess of Burgundy), 남자는 막시밀리안 1세(Emperor Maximilian I)다. 막시밀리안 1세는 레오나르도 다빈치가 태어난 1452년으로부터 7년 뒤 세상에 태어났다. 두 사람은 부부였고 마리의 덕으로 막시밀리안 1세의 가문은 큰 영광과 권력을 거머쥔다. 뻔해 보이는 중세의 이야기처럼 보이지만 두 사람은 로미오와 줄리엣만큼 사랑했다. 24세에 마리가 사고로 죽자 남편 막시밀리안 1세는 크게 슬퍼하며 죽은 마리의 초상화를 그리게 했다고 한다. 그녀가 두르고 있는 아름다운 장신구와 석류 열매 디자인의 이탈리아 옷은 〈리탈리아미아〉의 요리, 와인과 매우 잘 어울린다.

〈리탈리아미아〉는 그런 아름다운 사랑 이야기를 음식에 설탕처럼 뿌린 곳이다. 와인 한 방울에도 그런 감성이 숨어 있다. 이곳 와인은 종류가 많지 않지만 이탈리아 지역별로 골고루 있다. ICIF에서 자주 볼 수 있는 와인들이며 이탈리아에서도 보기 드문 희귀한 와인도 있다. DOCG(Denominazione di Origine Controllata e Garantita의 약어, 이탈리아 와인 등급체계 중 가장 높은 등급이다.)급이 50%가 넘는다. 이곳 하우스 와인은 특히 맛있다. 잔으로 나온다고 무시하면 안 된다. 와인을 많이 마실 생각이 아니라면 하우스 와인을 주문하는 것도 좋다.

〈리탈리아미아〉를 이탈리아 글자로 옮기면 'L'italia Mia(La Mia Italia)'이며 '나의 이탈리아'라는 뜻을 지닌다. 식재료 본연의 맛을 잘 살리는 이탈리아 요리의 특징이 돋보인다. 인생을 재미있게 산 화가 레오나르도 다빈치를 생각하며 건배를 건넨다.

L'italia Mia
리탈리아미아

요리사가 추천하는 와인

돌체토 달바(DOLCETTO D'ALBA) 2006

김형래 요리사는 돌체토 달바가 이탈리아 음식과 함께 먹기에 좋은 와인이라고 추천한다. 껍질이 두꺼운 포도로 만든 와인으로 과일향이 풍부하고 달콤하며 타닌은 적다. 여러 가지 맛이 풍부하고 가격도 합리적이다. 어느 음식에나 무난하게 잘 어울린다.

차림표

와인 이탈리아 전역의 와인이 골고루 있다. 시칠리아 와인도 있다. 피에몬테 지역이 60~70가지로 4만~30만 원대다(부가세 별도).

요리 애피타이저 1만6천 원, 파스타 1만5천~2만5천 원, 생선과 고기류 3만~4만 원, 샐러드 등 8천~1만3천 원 / 런치세트 메뉴(에피타이저＋스파게티 등＋셔벗 등) 2만5천 원 등 / 세트 가짓수에 따라 7만 원, 9만 원이며 하우스 와인 레드 1만 원, 화이트 와인 8천 원이다(부가세 별도).

정보

영업시간 오전 12시~오후 2시 30분, 오후 6시~오후 10시 30분, 일요일, 설날, 추석 휴무

위치 서울시 강남구 신사동 626-78 램프빌딩 지하 1층, 압구정역 3번 출구로 나와 압구정 CGV와 커피빈 사이로 200미터 걷다가 세븐일레븐을 오른쪽으로 끼고 20미터 정도 가면 왼편에 있다.

전화번호 02-3442-4351

망의 한마디

하우스 와인이 맛있다. 이탈리아 요리를 좋아하는 이라면 꼭 한번 가보길 바란다. 데이트하기에 좋다.

붉은색의 **열정을**

마시고

노닐다

Red Garage
빨간 차고

05

평소 민간신앙에 관심이 많은 한 후배가 내 사주를 봐주고는 하는 소리가 "더 잘 먹고 잘 살기 위해서는 붉은색의 기운을 꼭 입어라" 하는 것이다. 반신반의하면서도 귀가 쫑긋했다. 붉은색 옷을 입고, 붉은색이 펄럭이는 곳에 가고, 마음에 열정이 가득한 사람을 사귀라는 소리였다. 그대로 하고 있냐고? 절대로 아니다. 그것이 설사 진실이라고 해도 일상에서 무언가를 규칙적으로 지켜나가는 것은 쉽지 않다. 더구나 그놈의 붉은색 때문에 큰 낭패를 본 경험이 있는 사람은 더욱 어렵다.

비가 오는 어느 날, 영안실에서 벌어진 일이다. 친구의 아버님이 돌아가셨다는 소식을 듣고 부랴부랴 장례식장을 찾았다. 검은 양복은 물론, 안에 입은 셔츠도 급하게 검은색을 구한 터였다. 마치 대통령 장례식에 가는 국무총리 부인처럼 우아하면서 단정한 모양새를 한껏 뽐냈다. 흰 국화꽃 한 송이를 집어 들고 조문에 나섰다. 아차차! 이런이런! 상주들과 인사를 하기 위해 엎드린 나는 도저히 일어날 수가 없었다. 슬픔이 영안실 벽을 회색빛으로 도배질한 그곳에서 배시시 웃음을 멈출 수가 없었기 때문이다. 아! 이것이 웬 날벼락이란 말인가! 입술을 꼭 깨물어도 소용이 없었다. 미쳤다. 난 저잣거리의 칠푼이처럼 미쳤다. 웃음의 원인은 빨간 양말이었다. 온통 검은색과 하얀 진주목걸이를 한 몸 아래로 새빨간 양말을 신고 있었다. 급하게 나오면서 미처 보지 못했다. 1970년대 빨간 내복과 같은 붉은 양말이 나를 '한 마리 모자란 동물'로 만들었다. 내 삶이란 늘 〈거침없이 하이킥〉(2007년 방송된 MBC 시트콤)이다.

붉은색은 열정, 사랑을 상징한다. 조상들은 잡귀를 쫓는 색이라고 여겨서 팥죽을 끓여 먹기도 했지만 서양에서는 악마의 색으로 취급당하기도 했다. 그런가 하면 각종 19금 영화나 금기시되

갈색 나무 탁자와 소파, 단정한 액자들이 어우러져 편안한 분위기를 만들어낸다.

는 일에는 붉은색이 으레 등장한다. 붉은색은 복잡한 심경을 가진
색이다.

대표적인 붉은색 먹을거리를 찾아보라면 나는 당연히 와인을
들겠다. 화이트 와인도 있지만 사람들은 '빨강'이 주는 섬세하지만
아프고, 여리지만 강건한 그 어떤 느낌을 레드 와인에서 찾는다.

삼청동 '빨간 차고'에는 그런 레드 와인이 수북하다. 이름에서
부터 붉은 기운이 잔뜩 묻어 있다. 주인장 김경태(42) 씨는 다양
한 삶의 이력을 가진 이다. 이 집을 찾는 많은 사람들이 〈로마네
꽁띠〉 주인이 만든 곳이 맞냐고 묻는다. 맞다. 한동안 미식가들
사이에서 삼청동과 안국동 〈로마네꽁띠〉는 와인과 맛있는 스파
게티를 맛볼 수 있는 곳이었다.

이름난 맛집은 여러 가지 역사를 가지고 있는 법이다. 안국동 〈로
마네꽁띠〉는 박모 씨가 주인이고 그는 삼청동 〈로마네꽁띠〉 주인
이었던 이모 씨와는 매제 사이였다. 삼청동 이 씨가 아래 건물에서
장신구박물관을 하던 김경태 씨를 설득해서 삼청동 〈로마네꽁띠〉
로 '모시고' 왔다. 김 씨는 2년 6개월간 훌륭하게 그 집을 키웠다. 이
씨가 그에게 선뜻 삼청동 〈로마네꽁띠〉를 넘길 수 있었던 이유는
김경태 씨의 예전 '업적' 때문이다. 그는 1998년 인사동에 〈아빠 어
릴 적에〉라는 추억의 카페를 열었다. 1960~70년대 소중한 기억들
을 소품처럼 장식한 이 카페는 복고 열풍을 타고 크게 히트를 쳤다.

주변 친구들은 감탄했다. 더구나 이전에 그는 H자동차에서 특
장차 관련한 업무를 하는 평범한 회사원이었다. 직장생활 4년차에
IMF가 왔다. 그때 31세였는데 퇴사하는 선배들을 보고 40세가 넘
어서는 무엇을 할까 하는 생각이 들었단다. 그는 당시 매형이 티벳
박물관과 전원카페를 만드는 것을 보고 너무 재미있어 보였고 그
렇게 살고 싶어졌다. 그는 퇴사하는 동기들을 따라 덜렁 사표를 내

고 말았다. 그리고는 처음 만든 집이 〈아빠 어릴 적에〉였는데, '음주 가무'가 사주팔자에 있었던 것인지 그 집은 개그맨 전유성, 한국을 방문한 영국 여왕 엘리자베스 등이 찾으면서 유명해졌다. 방송 출연 섭외도 몰려왔다. 카페 안에는 볶기, 딱지 등이 있다. 복고 열풍을 타고 전성기를 맞았지만 그는 문득 '무엇을 하면 평생 할 수 있을까'라는 의문이 또 생겼다. 그때 김 씨가 찾아낸 것이 와인이었다.

　그는 와인에 '미친' 사람들이 한때 몰렸던 세종대학교 와인컨설턴트 과정을 마치고 드디어 와인의 세계에 빠져들기 시작했다. 많은 책도 봤지만 입으로 느끼는 것이 최고의 공부라고 말하며 10년 가까운 세월 동안 닦은 실력으로 〈빨간 차고〉와 작은 카브(와인저장고), 캐주얼한 와인바를 만들었다. 〈빨간 차고〉 옆방은 작은 카브(저장고이자 와인숍)이고, 그가 만든 캐주얼한 와인바는 삼청동 초입의 예쁜 와인바로 유명한 〈안〉이다. 친구와 함께 만든 〈안〉은 〈빨간 차고〉보다는 젊은 사람들의 정서와 잘 맞는 곳이다. 알록달록 아기자기한 인테리어가 벌써 맛집 순례자들에게 소문이 났다. 그가 〈빨간 차고〉를 다른 와인집과 다르게 만들기 위해 중점을 둔 것은 프랑

스 와인이다.

2006년 7월, 그는 만화 〈신의 물방울〉에 나오는 부르고뉴의 엠마뉴엘 루게 와이너리를 찾았다. 그곳에서 만화 속에 등장하는 이도 만났고 부르고뉴 와인에 푹 빠져버렸다.

"부르고뉴 와인은 의외로 저가 와인도 많다. 가벼워 보이지만 파워풀하고 입 안에서 살짝 한쪽으로 밀어주는 느낌, 섬세하지만 힘이 죽지 않는 느낌이 있다."며 당시 맛본 와인들을 회상한다. 〈신의 물방울〉에 그려진 엠마뉴엘 루게의 사연은 실제 사실이 아니라고 확인되었다. 그가 자신의 와인집에서 선택한 차별화전략은 부르고뉴 와인이다.

만약 동양철학에서 떠도는 사주팔자나 손금 같은 것이 실제 이 지구에 있다면 아마도 김 씨는 정해진 운명의 길을 잘 따라 걷고 있다는 생각이 든다. 누구든 자신이 가야 할 길을 잘 찾아가면 본성이 인생의 날개를 달아준다.

나는 과연 '나의 길'을 가고 있을까? 한 잔의 '붉은색'을 온몸에 집어넣고 민간신앙을 믿는 후배의 진지한 충고를 생각해본다.

주인장이 추천하는 와인

**클로스 페가스 샤도네 미츠코 빈야드 1999(Clos Pegase Chardonnay
Mitsuko's Vineyard Carneros)**

미국 나파밸리 와인으로 그리스 신화에 등장하는 '페가수스'의 이름을 딴
와이너리에서 생산되었다. 와이너리 건물과 조각공원 등에는 유명한 조
각가들의 작품이 전시되어 있다. 시원한 화이트 와인의 상큼한 맛이 돋보
인다. 편하고 즐겁게 마실 수 있는 가벼운 와인이다.

차림표

와인 스파클링 와인이 1만5천~3십5만5천 원(돔 페리뇽 포함) 선으로 14가지가 있
고, 화이트 와인은 27가지로 이 중에서 50%가 프랑스 와인이다. 가격은 3만8천~
38만5천 원대이다. 5~7만 원대가 가장 많다.

레드 와인은 부르고뉴 와인이 가장 많고 론, 랑귀니 등 지역별로 골고루 있다. 클로드 부조, 샹볼 뮤지니, 샤토 마고, 샤토 무통 로칠드 등 유명한 와인들도 있다. 가격은 5만2천 원에서 수백만 원에 이른다. 5~7만 원대가 가장 많다. 이밖에 칠레, 아르헨티나, 이탈리아, 호주 등도 있지만 그 양은 상대적으로 적다. 가격은 4만5천~35만5천 원이다.

요리 세트메뉴 2만3천~3만5천 원, 스파게티 1만2천~1만4천 원, 스테이크 2만4천 원, 홍합와인찜 4만2천 원, 꼬꼬뱅 안주 2만8천 원이다.

정보

영업시간 월요일부터 토요일까지 오후 4시~새벽 3시, 일요일은 새벽 12시까지. 연중 무휴.

위치 서울시 종로구 삼청동 126, 삼청동 초입 북카페 〈진선〉에서 쭉 올라와서 교육평가원 맞은편.

전화번호 02-3210-0543

맘의 한마디

비오는 날 창문을 열고 시원한 바람을 맞으면서 와인을 마시기에 좋다. 와인세계에 처음 발을 딛는 사람보다는 조금씩 와인의 깊은 세계에 빠져들고 있는 사람들에게 추천할 만하다. 그러나 와인 가격이 상대적으로 싸지 않은 곳이다. 맛집 가는 기분으로 찾았다가 자칫 후회할 수도 있다.

오스트리아의
맛에 취해

사랑을

속삭이다

Chef Meili
셰프 마일리

06

한 친구가 오스트레일리아로 이민 가려다가 오스트리아행 비행기 표를 끊는 바람에 오스트리아에서 살게 된 사람이 있다고 했다. 평소 가족들 이름조차 글자라는 이유로 혼동하는 그 사람은 단 두 글자 때문에 생각지도 못한 나라로 날아갔다. 처음에는 어리둥절하고 스스로를 자책하던 그는 어차피 한국을 떠난 것, 오스트레일리아면 어떻고, 오스트리아면 어떻겠냐고 생각하며 눌러앉았다. 원래 목적지였던 오스트레일리아로 갈 돈이 한 푼도 없었던 점도 큰 역할을 했다. (못 믿으시겠다고? 나도 처음에 반신반의했다.) 누가 그랬다. 정 붙이고 살면 다 내 집이라고! 어떤 사람과 함께 있느냐가 더 중요하다고! 어떤 나라든 사랑하는 이가 곁에 있으면 그보다 좋은 것은 없다.

한국에 살고 있는 오스트리아인 크리스티앙 마일링거(44) 씨는 그래서 행복한 사람이다. 그는 오랫동안 찾아 헤매던 자신의 반쪽을 한국 땅에서 찾았다. 동갑내기 아내 이영지(44) 씨가 그의 사랑스런 반쪽이다. 그녀가 있어서 서늘한 한국의 가을, 겨울이 외롭지 않다.

퉁퉁하고 덩치 큰 크리스티앙의 키는 180센티미터가 넘는다. 둥근 얼굴형에 둔탁한 목소리, 수염만 갖다 붙이면 〈해리포터〉 시리즈에 나오는 '해그리드'와 비슷하다. 하지만 그의 몸은 천상 요리사이다. 서양요리는 중노동(?)을 요구한다. 요리사는 무거운 식재료를 들어 옮겨야 하고, 온종일 쪼그리고 앉아서 양파를 깎기도 하고, 얼굴 크기에 서너 배는 되는 프라이팬을 돌리기도 해야 하기 때문이다. 그러므로 요리사는 건강한 신체는 물론이고, 덩치가 크고 힘이 센 경우가 많다. 크리스티앙은 바로 그런 조건을 타고난 이였다.

그는 한국에서 2001년까지 밀레니엄 힐튼호텔 총주방장으로

맛있는 음식과 와인을 맛보며 마음을 나누는 시간은 그 어느 때보다 행복하다.

일했다. 여러 가지 기교가 비단실처럼 휘감아 돌아가는 요리들을 선보였다. 그의 요리는 예술의 경지였고 자연스레 팬들도 생겼다. 그는 2007년까지 대전 우송대학교 외식조리학계열 교수로도 지냈다. 당시 대전에서 교수 생활을 하면서 일주일에 한 번, 서울로 음식재료를 구하기 위해 올라왔다. 다양한 식재료가 잔칫상처럼 펼쳐져 있는 이태원에서 그는 자주 장을 봤다. 그러던 어느 날 잔뜩 장을 보고 무심코 한 옷가게를 지나치게 되었다. 앗! 갸름한 얼굴에 동양적인 미인이 앉아 있는 것이 아닌가! 그녀가 바로 이영지 씨였다. 이 씨는 서울에 올라올 때마다 수줍은 얼굴을 하고 그 가게에 갔다. 소박한 성품 때문에 옷이라고는 단 몇 벌로 1년을 보내는 그였지만 그런 그의 옷장에 차곡차곡 그녀가 골라준 옷들이 쌓여갔다. 두 사람의 사랑은 서서히 홍시처럼 익어갔다. 둘은 1년간 연애를 하고 3년 전 결혼을 했다. 이영지 씨는 한 대기업의 유럽 본부에서 일한 경험이 있어서 언어 문제나 문화적인 차이는 금세 극복할 수 있었다.

이들 부부는 두 사람을 맺어준 이태원 거리에 자신들의 맛집을 열었다. 오스트리아 레스토랑 〈셰프 마일리〉는 사랑의 결과물이다. 크리스티앙의 손끝에서 완성되는 요리들 사이에는 그들의 사랑이 촘촘히 배어 있다.

주인의 화려한 이력에 비해 〈셰프 마일리〉는 소박한 분위기이다. 천장에 걸려 있는 주인의 고향 사진 앞에서 그는 "우리 할머니가 아직까지 이곳에 살고 있다"라고 서툰 한국어와 영어를 섞어 이야기한다. 한쪽에는 작은 바가 있다. 바에서 흘러나오는 독일식 맥주는 시원하고 칼칼하고 진하다. 차림표에 등장하는 요리들은 모두 오스트리아 정통 요리다. "한국에 독일식은 많아도 오스트리아 정통 요리하는 곳은 여기밖에 없을 거다." 아내 이영지 씨

이곳에 오면 누구나 부담없이 오스트리아 정통 요리와 와인을 즐길 수 있다.

가 미소 지으며 말한다. '야채 넣은 쇠고기말이와 스페츨'은 양이 많고 짠 듯하지만 쫀득하니 맛있다. 괄호 안에 한국어로 '오스트리아 파스타'라고 적혀 있는데 아마도 주인이 한국인을 위해서 적어놓은 듯하다. 모양이 우리가 흔히 생각하는 파스타 같지 않다.

이 집의 큰 매력은 와인이다. 오스트리아 와인이 있는데 보통 와인바에서 흔히 볼 수 있는 것이 아니다. 크리스티앙이 좋아하는 고향 와인이다. 와이너리 푀클(Pockl)의 츠바이겔트(Zweigelt)와 츠바이겔트 클래식, 와이너리 유로취지와 와이너리 찬토, 골저 와이너리의 와인 등이다. 이 와인들은 코르크 마개가 없다. 탄산음료처럼 병뚜껑을 돌려서 마신다. 더구나 화가가 그린 모차르트의 얼굴이 라벨에 그려져 있어 시선을 끈다.

주인은 이 중에서도 와인 '그뤼베'와 '보비어'를 추천한다. 이 와인들에게는 너무 고급스러워서 가까이하기에는 버거운 분위기가 없다. 편안하다. 무더운 날 화이트 와인 그뤼베 한 잔이면 세상 시름을 잊는다. 많은 와인평론가들은 오스트리아 빈을 좋은 와인산지라고 꼽는다. 그뤼베는 오스트리아 토착품종 그뤼너 벨트리너로 만든 와인이다. 그뤼너 벨트리너로 만든 와인은 투명한 빛깔, 상큼하고 깨끗한 맛을 남긴다고 알려져 있다. 유로취지 양조장에서 1987년 만든 와인 그뤼베(GrüVe)는 오스트리아의 풍광과 맛을 고스란히 느낄 수 있는 와인이다.

한참을 두 사람의 사랑과 와인에 취해서 길을 나서는데 간판에 붙은 빨간색 코카콜라 로고가 눈에 띄어 물었다. "내가 만든 음식을 좋아하는 사람이 처음 이 집을 열 때 코카콜라가 후원하도록 도와주었습니다. 당시 돈이 모자랐다." 커다란 덩치의 마일링거, 그 뒤에 조용히 웃고 있는 아내 이영지, 그들 사이에 한겨울 따스한 햇살 같은 사랑이 얇게 퍼진다.

이곳에 들어서면 마치 뉴텝의 레스토랑에 들어온 듯한 착각이 든다.

Chef Meili
셰프 마일리

주인장이 추천하는 와인

유로취지 그뤼베(Jurtschitsch GrüVe)

오스트리아가 원산지이고 와이너리 유로취지(Jurtschitsch)에서 만든 와인이다. 포도 품종은 100% 그뤼너 벨트리너(Gruener Veiltliner)이다. 그릴에 구운 음식이나 찐 고기와 어울린다. 시큼한 산미가 제대로인 와인이다. 오스트리아에서 유명한 화가인 크리스티안 루드위그 아테르제의 그림을 매년 새로운 라벨로 만들어 붙인다고 알려져 있다.

차림표

와인 하우스 와인 7천 원, 와인 2만8천~12만5천 원, 맥주 2천5백~8천 원
(부가세 별도)

요리 5천5백~3만2천5백 원(메인요리는 대부분 1만 원을 넘는다.)

정보

영업시간 오전 11시~오후 10시

위치 서울 용산구 이태원동 128-15 1층, 지하철 6호선 이태원역 4번 출구.
게코스테라스에서 아래로 조금 내려오면 1층

전화번호 02-797-3820

망의 한마디

소박한 분위기가 편하다. 다른 곳보다 상대적으로
요리와 와인 가격이 싼 편이다. 친구들과 편하게
즐길 수 있는 분위기다.

넘치지도

모자라지도
않은

맛을
보다

Abici Roma
아비치로마

07

알베르 카뮈는 그의 책 〈결혼, 여름〉의 첫 장에 '봄철에 티파사에는 신들이 내려와 산다.'라고 적었다. 신들이 내려와 노니는 광경은 어떨까? 지상에서 가장 순결하고 위엄 있는 행차일까? 제주 올레길을 걷던 중 어느 숲에서 그 풍경을 만났다. 한 줄기 빛이 울창한 나무들 사이를 뚫고 흙길로 떨어졌다. 영화 〈스타워즈〉 속 제다이의 광선검 같았지만 빛은 땅으로 흐르고 있었다. 마치 물이 제자리를 찾듯이! '이곳이 티파사구나!' 그 길에서 만난 사람들과 먹을거리, 잎사귀 하나, 바람 한 점, 내려다보는 구름 한 조각, 뭐 하나 놓칠 것이 없었다. 꼭대기를 향해서 마구 달려가지 않고 옆으로, 옆으로만 걸어가는 이 길이 너무 좋다는 생각이 들었다. 지금까지 13코스까지 개발된 제주 올레길은 이 땅의 여행문화에 큰 영향을 미쳤다. 사람들은 더 이상 목적을 두고 별표를 치면서 마구 달려가는 여행을 하지 않는다. '놀멍 쉬멍' 천천히 느림의 여행을 시작했다. 지리산 둘레길, 울릉도 옛길(이곳도 원시 티파사 같다.) 등 걷기 좋은 숲길들이 발굴되고 있다.

일본 출장에서도 비슷한 길을 만났다. 일본 도쿄에서 신칸센을 타면 한 시간 거리에 있는 나가노현 가루이자와에 비슷한 숲길이 있다. '피키오 에코투어'라는 이름으로 시작하는 숲 여행이다. 그곳에서 2009년 잊을 수 없는 추억을 만들고 돌아왔다.

취재차 찾은 그 숲길에서 금덩이보다 소중한 휴대폰을 잃어버렸다. 다음날 이른 새벽 휴대폰을 찾기 위해 홀로 일본식 두꺼운 가운 하나를 걸치고 그곳으로 용감하게 길을 나섰다. 전날 숲 해설사가 이곳에 곰도 산다고 했다. 하지만 나누어준 방울을 흔들고 가면 나오는 경우는 없어 안전하다고 한다. 방울은 없었지만 그다지 걱정이 되지도 않았다. 그런데 헉! 3미터 정도 거리에서 그놈의 검은 뒤태를 발견했다. 너무 놀란 나머지 발은 얼어붙었는데, 속으로 '까짓 거, 촛토맛테 구다사이(잠깐만 기다려주세요.), 하지 뭐.' 하고 다시 길을 나섰다. 그 숲의 곰들은 몸 길이가 140센티미터로 곰치고는 작고 순하다고 한다. 곰은 아마도 아침밥 먹으러 잠깐 사람들의 길에 나왔는데 '재수 없다' 생각했을 것이다. 그 휴대폰은 결국 호시노가루이자와 리조트 사람들이 샅샅이 숲을 뒤져 한국으로 보내주었다. 일본어로 쓴 편지 한 장과 함께. '불편함이 없었느냐'라는 내용이었다. 컴퓨터에서 프린트를 한 것도 아니고 직접 만년필로 쓴 글이었다. 그들의 서비스와 마케팅 전략에 놀라움을 금치 못했다.

숲길 여행의 큰 장점 중에 하나는 '적당'하다는 것이다. 모자라지도 넘치지도 않는 '적당'한 것. 서울 2호선 강남역 앞 〈아비치로마〉는 정말 그저 '적당'한 레스토랑이다. 숲이 선물하는 '적당함'과는 거리가 멀지만 그저 여고동창회를 하거나 예를 갖추고 싶은 상견례, 연말 20~30명 송년회를 하거나 할 때 더없이 적당하다. 흔히 강남에서 약속을 할 때 "그래, 〈뉴욕제과〉 앞에서 만나" 하면 끝나는 때가 있었다. 아니, 〈뉴욕제과〉란 단어가 청와대도 아니고 그렇게 말하면 누가 알까 싶은데 그게 통했었다. 그만큼 강남역 주변에서 약속을 잡을 때는 〈뉴욕제과〉가 유명했다. 지금은 이름이 〈에이비시 뉴욕제과〉로 바뀌었다. 이름이 바뀌게 된 사연은 이렇다. 70, 80년대에는 대통령도 뉴욕제과 빵이 아니면 안 먹는다는 소문이 있을 정도로 성업이었다. 경제적인 사정으로 1998년에 에이비시상사(회장 손병문)가 〈뉴욕제과〉와 그 건물을 인수하고 80개가 넘었던 지점도 정리했다.

〈아비치로마〉는 이 〈뉴욕제과〉를 재탄생시킨 에이비시상사가 만든 이탈리아 음식과 와인이 있는 레스토랑이다. 제과점 2층에 있다. 들어서자마자 깔끔한 복장의 직원들이 눈에 띈다. 주방

'적당'히, 부담없이 찾아와 먹고 마실 수 있다.

이 오픈되어 있어 부지런히 손놀림하는 요리사들의 땀방울이 보인다. 레스토랑 한쪽에 있는 와인셀러(와인을 저장, 보관하는 장소나 시설)로 눈이 저절로 간다. 300여 가지 와인들이 먼지 모자를 눌러 쓰고 새 주인을 기다리고 있다. 셀러 안의 온도는 적당하다. 프랑스 지하 카브(와인저장고)는 아니지만 그것에 손색이 없을 정도로 시원하다. 연회장과 소규모 모임을 할 만한 장소가 따로 있고 그곳을 지나면 큰 홀이 나온다. 사각의 식탁 위에 중년의 여성이 "깔깔 호호" 하며 이야기꽃을 피운다. 파스타, 피자, 스테이크 등 평범한 이탈리아 음식을 우리 입맛에 맞췄다. 사과파이와 비슷한 맛과 모양인 '사과피자'는 보기만 해도 군침이 흐른다.

　이곳의 와인은 소믈리에 오영민(28) 씨가 책임지고 있다. 나이는 젊지만 내공은 만만치 않은 6년차 소믈리에다. 그는 대학에서 호텔경영학과를 졸업하고 일을 시작했다. 대학을 다닐 때에도 틈틈이 바텐더로 일을 해서 그런지 주류에 대한 미각이 자연스레 예민하게 발달했다. 1년 반을 바텐더로 일하면서 와인에 대해 관심을 가지게 되었다고 한다. 2005년부터 와인공부를 진하게 시작했다.

　〈아비치로마〉는 그에게는 첫 직장이자 현재 일하는 곳이다. 몇년 간은 다른 레스토랑 등에서 일하기도 했다. '존경하는 분이 있고 와인세계를 잘 펼칠 수 있는 좋은 환경을 갖춘 곳'이라고 판단해서 돌아오게 되었다. 하우스 와인도 비교적 좋은 것을 쓴다. 하우스 와인 하나를 정하면 이것을 손님에게 내놓고 그 맛에 대한 판단은 손님에게 맡긴다. 이때 '오케이' 사인이 나면 와인목록에 올린다. 이런 원칙 때문에 좋은 하우스 와인을 쓸 수밖에 없다. 하우스 와인으로 사용하는 것은 레드 와인 2종류, 화이트 와인 3종류가 있다.

　그가 이곳에 돌아와 처음 한 일은 와인목록을 새로 만드는 것이었다. 그의 생각은 캐주얼한 와인을 더 보강하는 것. 350여 가지

와인들의 가격은 2만 원 중후반대에서 몇 백만 원 이상까지 있다.
부가세 포함 가격이다. 가격 경쟁력과 다양성을 모두 잡자는 생각
이다. 와인 스펙테이터(Winespectator, 미국 와인 잡지)나 로버트
파커(Robert Parker, 미국 와인평론가)의 점수가 높은 와인들도 구
비했다. 그가 생각한 와인 가격 정책 역시 '적당'했다. 그리 높지 않
은 산등성이 둘레를 걷는 '적당한' 여행처럼 말이다. 때로는 과잉
열정으로 주변 사람들까지 활활 불태우는 이보다 이렇게 세상살
이 '적당한' 선을 찾아 열심히 사는 이가 좋아 보일 때가 있다.

Abici Roma
아비치로마

소믈리에가 추천하는 와인

샤토네프 뒤 파프 라 크로, 도멘 뒤 비유 텔레그라프(Châteauneuf-du-Pape La Crau, Domaine du Vieux Telegraphe)

프랑스 론 지역의 와인으로, 소믈리에는 "13가지 포도품종을 블렌딩할 수 있는 와인이기 때문에 '여러 가지 품종이 만들어내는 교향곡'이라고 부른다."고 말한다. 친환경적인 농법으로 포도를 수확한다고 알려져 있다. 양조에 주로 사용하는 포도품종은 그르나슈, 무르베드르, 시라, 생소 등이다. 소믈리에는 "론 와인에 관심이 없었는데 한 시음장에서 변화무쌍한 그 맛에 반해버렸다. 2007년산은 2009년 와인 스펙테이터 선정 100대 와인 중에서 3위에 오르기도 했다."고 덧붙인다.

차림표

와인 프랑스 와인이 지역별로 골고루 있으며 약 40%를 차지한다. 이탈리아, 에스파냐 와인. 신대륙 와인은 구대륙 와인에 비해 적은 편이다. 2만 원 중후반대에서 수백만 원까지 있다(부가세 포함).

요리 세트메뉴 2만9천~5만원(6가지), 일반 요리 9천~2만5천 원, 파스타 1만2천~1만4천 원, 피자 1만2천~1만3천 원, 등심요리 등은 2만9천~3만4천 원, 디저트 6천 원(부가세 포함).

정보

영업시간 오전 11시 30분~오후 3시, 저녁 6시~12시, 연중무휴.

위치 서울 서초구 서초동 1318-1, 강남역 6번 출구로 나와 20미터 직진해서 〈뉴욕제과〉 건물 2층

전화번호 02-3481-1281, www.abcfnb.com/web/abici

망의 한마디

중장년층이 송년회 하기 좋고 부부 동반 모임을 하기에도 적당하다. 약속 장소가 떠오르지 않는 이에게 추천한다. 교통이 편리하다.

스타 요리사가
만드는

뉴욕 골목
음식점으로
가다

Olive & Pantry
올리브 앤 팬트리

08

어느 분야에나 스타가 있기 마련이다. 토론 프로그램에는 손석희 (지금은 그만두었지만) 교수가, 논객의 세상에는 진중권, 김어준이 있다. 요리의 세계에도 스타가 있다. 세계적으로는 제이미 올리버 (Jamie Oliver)가 있고 고든 램지(Gordon Ramsay)가 있다. 이들 때문에 요리가 단순히 맛난 것을 만들고 먹는 일이라는 생각을 버리게 되었다. 그 세계는 영혼을 흠뻑 쏟아 붓는 예술가의 삶과 다를 바 없다. 오히려 사람의 몸 안에 들어가는 것을 만들기 때문에 신이 세상을 창조한 것처럼 정교하고 섬세한 감성이 있어야 한다. 그래서 그들의 고통은 다른 이들의 아픔과는 또 다른 비애를 안고 있다.

그 비애를 스타 요리사들은 자신의 책에서 맘껏 이야기한다. 고든 램지는 《고든 램지의 불놀이》 첫 장에서 영화 〈뻐꾸기 둥지 위로 날아간 새〉의 잭 니콜슨(Jack Nicholson) 이야기를 들면서, 자신이 유명한 셰프가 되었지만 여전히 '나는 나와 경쟁한다'고 말한다. 그는 알코올 중독자 아버지를 둔 가난한 축구선수였는데 어릴 적 최고의 축구선수가 되겠다는 꿈마저 부상으로 꺾어야 했다. 요리사가 된 후에도 17시간 노동을 이겨야 했다. 그 모든 이야기들이 그 책의 '막 쓴 듯한 글' 속에 오롯이 잘 드러난다. 기자 출신 요리사 빌 버포드(Bill Buford)의 책 《앗! 뜨거워》는 이미 우리들에게는 베스트셀러다. 역시 기자 출신 요리사 박찬일이 쓴 《지중해 태양의 요리사》는 흥미진진한 이탈리아 주방에서 그의 고생담이 '훤하게' 그려져 있다. 그의 책에는 'XX'가 난무하는 주방을 '살상의 기운'이 가득한 곳으로 묘사하고 있다.

우리나라도 박찬일처럼 요리 세계의 별들이 늘고 있다. 레오 강, 에드워드 권 등……. 요리사 '션 김'도 그중 한 명이다. 일간지와 텔레비전에서 그의 모습을 자주 볼 수 있다. MBC 〈찾아라 맛

스타 요리사가 자신만의
특별한 맛의 세계를 보여
준다.

따뜻하면서도 아늑한 분위기가 움츠러든 몸을
보드랍게 녹여주는 듯하다.

있는 TV)에 고정 출연하고 SBS 〈골드미스가 간다〉에서 맞선남으로 등장해 배우 양정아와 데이트를 하기도 했다.

유명세를 타고 있는 그가 2009년 〈올리브 앤 팬트리〉를 만들었다. 그의 본명은 김신(38)이다. 지금 〈올리브 앤 팬트리〉가 있는 자리는 그의 어머니가 한식집을 운영하던 곳이었다. 어머니는 20여 년 전 패션 일을 했던 분이다. 옷을 만지는 그의 어머니가 음식의 세계에 들어서게 된 것은 김 씨의 할아버지 때문이다. 할아버지는 넉넉한 집안의 장손이었다. 집안에는 늘 맛난 먹을거리가 많았다. 어머니도 그 맛을 이어갔다. 김 씨의 타고난 미감도 집안의 손맛에서 나왔다. 그런 그가 24세에 군대를 마치고 일본으로 떠난 유학길에서 요리를 선택한 것은 당연해 보인다. 일본에서 그의 눈을 확 사로잡은 것은 〈임금님의 브런치〉 같은 요리 드라마였다. 아버지가 물려준 레스토랑을 살리는 이야기였는데 너무 재미있었고 이것을 통해 그는 요리사가 스타가 되는 세상을 먼저 경험했다.

그는 도쿄 무사시노에 있는 요리학교에 입학해 프랑스 요리를 배웠다. 학교를 졸업하기 전에 그는 프랑스로 연수를 떠났다. "이탈리아로 가고 싶었지만 일본인 선배가 프랑스를 추천했다. 그 선배의 생각은 복잡한 프랑스 요리를 배우면 다른 것은 쉬울 수 있다."라는 것이었다. 8개월 동안 낮에는 프랑스 요리학교를 다니고 밤에는 레스토랑에서 일했다. 거의 살인적인 하루하루였다. 고든 램지가 견뎌냈던 17시간 노동이다. 하지만 그곳에서 그는 많은 것을 배웠다. 복잡한 기교가 접시 위에서 춤추는 프랑스 요리의 다양성을 배웠다. 프랑스 요리는 지역별로 다르다는 점, 체계화가 잘 되어 있어 그야말로 '공부할 맛'이 난다는 점을 알게 됐다.

그는 1997년 한국에 들어왔다. 펜네 파스타(뾰족한 모양의 파스

타 면으로 만든 요리)가 무엇인지에 대해 한참 설명하던 시절이었
다. 한 레스토랑에서 일을 했는데 생각과는 다른 현실에 조금씩
좌절을 겪었다.

그리고 그는 다시 봇짐을 싸서 1998년 미국으로 건너갔다. 미
국은 그에게는 낯익은 동네였다. 고등학교를 미국에서 마쳤기 때
문이다. 미국 요리학교에 입학했다. 그곳에서 요리가 역사 안에
서 어떻게 분화되고 발전했는지 배웠다. 지금 그에게 음식의 역사
를 물어보면 줄줄 재미난 이야기가 흘러나오는 이유다. 4년 동안
그는 낮에 학교에서 공부를 하고 밤에는 레스토랑에서 일을 했다.
미국의 레스토랑은 요리사 박찬일의 말처럼 야성이 포효하는 곳
이었다. 그곳에서 꿋꿋이 일을 배웠고 뉴포트비치에 있는 한 호텔
에서 일할 기회를 얻게 되었다. 개인이 운영하는 레스토랑보다 조
금 넓은 세계였다. 그곳에서 그는 요리사 로랑 메셍을 만났다.

로랑은 김 씨보다 5~6세 위였고 재미교포 한국인 아내가 있었
다. 인연은 인연이었다. 로랑 메셍은 11세에 주방에 들어가서 설
거지부터 시작한 사람이라고 한다. 거의 '인간요리기계'라고 할

정도로 정확하게 음식을 만든다. 귀신이다. 주방에서 일하는 이들의 모든 동작을 알고 있었다. 그는 그에게 요리를 배웠다. 조금씩 인정받기 시작했고 2002년 로랑 메셍이 포시즌호텔(여러 나라에 지점이 있는 고급호텔)로 옮기자 그에게 새로운 기회가 다가왔다. 평소 김 씨의 성실성을 믿었던 로랑 메셍이 그를 스카웃한 것이다. 그곳에서 한 단계 높은 요리의 세계를 익혔다.

2004년 태국에서 6개월 동안 살면서 태국 요리도 익혔다. 2007년 한국에 들어와 카페웨딩홀 겸 와인바 〈트라이베카〉에서 관리이사를 했다. 그때부터 그의 이름이 국내에 알려지기 시작했다.

스타 요리사가 만든 〈올리브 앤 팬트리〉는 어떤 곳일까? 그는 말한다. "이곳은 뉴욕 골목에 있는 편안한 음식점, 나이 드신 분이나 아이들이 모두 맛나게 먹고 갈 수 있는 곳이다." 와인도 복잡하게 구성하지 않았다. 20여 가지 음식과 어울리는 것을 준비했다. 가벼운 미디엄 바디 와인이다. 주말에 스타 요리사들이 쓴 자저선 몇 권을 끼고 〈올리브 앤 팬트리〉로 맛 여행을 떠나는 것도 재미있지 않을까!

Olive & Pantry
올리브 앤 팬트리

주인장이 추천하는 와인

2005 페싸그노 와이너리 시라 아이딜 타임즈 빈야드(2005 Pessagno Winery Syrah Idyll Times Vineyard)

캘리포니아 센트럴 코스트 지역에서 생산되는 와인으로 페싸그노 와이너리는 와인메이커인 스페판 페싸그노가 소유주다. 그가 직접 생산한 와인은 1999년 빈티지부터다. 김 씨는 블랙베리향, 후추향이 너무 좋다고 추천 이유를 밝혔다.

차림표

와인 3만3천~10만 원대이다. 잔 와인은 7천 원이며 콜키지 1만 원이다.

요리 샐러드, 애피타이저 8천~1만8천 원, 파스타 1만~1만6천 원, 스테이크 3만3천 원까지 있다(부가세포함).

정보

영업시간 오전 11시 30분~11시(음식 마감 10시 30분). 일요일 휴무. 주차는 레스토랑 앞에 있는 선샤인호텔에 한다.

위치 서울시 강남구 신사동 590-21 애펠빌딩 1층, 압구정역 3번 출구에서 7~8분 걸어서 두 번째 미니스톱을 끼고 좌회전해 선샤인 호텔 맞은편 1층.

전화번호 02-549-4698

망의 한마디

여자친구들끼리 수다떨면서 상쾌하게 음식과 와인을 즐기기 좋은 분위기다. 주말에 가볍게 가족이 점심을 먹기에 좋다

수많은 **미소가** 모여 **깊은 맛**을 이루다

Olive tree
올리브트리

09

사진의 역사에는 세계사가 녹아 있다. 로버트 카파(Robert Capa)의 사진에는 전쟁사가 자세하게 묘사되어 있고 낸 골딘(Nan Goldin)의 사진에는 여성사가 발가벗겨 있다. 사진사를 샅샅이 훑다가 우연히 재미있는 역사의 진실을 발견하기도 한다. 그러면 마치 큰 보물을 얻은 듯 기쁘다.

1832년에 영국에서 태어난 루이스 캐럴(Lewis Carroll)의 사진은 묘하다. 프랑스의 유명한 사진가 브라사이(Brassaï)는 그가 죽고 난 후 수십 년 후에 "영국 아마추어 사진의 개척자, 19세기 가장 중요한 어린이 사진가"라고 칭송했다. 한 시대를 다채롭게 수놓은 초상사진가다. 하지만 그의 사진 속에는 꽁꽁 숨겨진 다른 이야기가 있다는 소리가 솔솔 흘러나온다. 180센티미터의 키에 평생 결혼도 하지 않았던 그는 본명이 따로 있다. '찰스 루트위지 도지슨(Charles Lutwidge Dodgson).' 찰스로 산 인생은 수학교사로서 괴팍한 성격에 지루한 염세주의자의 삶이었다. 그가 쓴 수학책 《유클리드의 다섯 번째 책》처럼 어디에서도 흥건한 예술의 흔적은 찾아볼 수가 없다.

하지만 루이스 캐럴의 삶은 소녀들과 함께였다. 그가 찍은 소녀들은 사진 속에서 자연스럽게 늘어지는 자세와 담담한 표정을 짓고 있다. 그 사진들 중에는 나체로 유혹하는 듯한 소녀들도 있다. 그 사진 때문에 후대에 사람들은 그를 소아성애자였을지도 모른다고 의심을 한다. 그의 삶에는 또 재미있는 역사가 있다. 한번쯤 읽어봤을 《이상한 나라의 앨리스》와 그 속편 《거울 나라의 앨리스》도 그의 작품이다. 여하튼 그의 삶이 주는 진실을 명명백백 알 도리는 없지만 그의 사진들은 많은 것을 남겼다. 사진은 세상 모든 것을 남기기도 하고, 모든 것을 지우기도 한다.

역삼동에 있는 와인집 〈올리브트리〉에 들어서면 이 집의 역사가

1 식탁이 붙어 있지만 개개인이 편안하게 즐길 수 있다. 2.코르크 마개를 이용한 디자인이 이색적이다. 3그림과 사진, 와인이 탁월한 인테리어를 이룬다.

양 벽을 수놓은 사진들 안에 있다. 'OO과 영원히 사랑하게 해주세요', '자주 올게요, 너무 좋아요', '오늘 자장면 지대로네요' 등……. 2005년에 문을 연 이후 이곳을 찾은 이들의 역사가 사진 안에 들어 있다. 족히 1백여 장은 넘어 보이는 즉석사진들이 벽에 붙어 있다.

이곳은 처음 3명이 만들었지만 2009년 정일권(35) 씨가 인수해서 지금까지 운영하고 있다. 창업 당시 함께했던 조남권 씨만 남아 정 씨를 돕고 있다. 창업자들과 정 씨는 와인동호회 선후배 사이였다. 정 씨가 맡은 후에 달라진 점이 있다. 낮에도 문을 연다는 것이다. 커피를 맛보는 아늑한 집이 되었다. 점심시간에는 라면을 끓여서 군대에서 사용한 그릇에 담아 내놓는다. 밤이야 다양한 연령대가 찾지만 낮에는 남자회사원들이 많이 온다. 연령대도 30대 후반에서 40대가 많다 보니 라면 요리를 하게 되었다. 예전에 없었던 음식도 차림표에 들어갔다. '해물크림파스타', '통감자구이', '케사디야' 등. 정 씨가 낮에 열심히 만들어 연습을 하고 저녁 때 손님들에게 시식을 부탁한다. 그렇게 해서 '오케이' 사인이 떨어진 음식만 차림표에 넣는다. 30대 중반 남자가 무슨 재주로 요리사도 아닌데 맛난 음식을 만들 수 있는지 궁금해진다. 전주가 고향인 그는 23세에 서울에 올라와 지금까지 자취를 했다. 그때부터 다져진 실력이 고스란히 그의 맛에 녹아 있다.

그는 직장생활 7년을 접고 언제가 내 가게를 하고 싶다는 생각, 나이 들면 열정이 사라질까 하는 고민을 통해 〈올리브트리〉로 자리를 옮겼다. 실패하더라도 도전해보자 하는 생각으로 시작했다. 그는 와인을 사랑하는 이유로 와인음주문화를 꼽는다. 맥주나 소주 등은 과하게 먹으면 반드시 싸우거나 하는 일이 벌어진다. 그는 와인을 몇년 동안 마시면서 그런 풍경은 본 적이 없다고 말한다.

그의 꿈은 이 작은 가게를 잘 유지해서 이 이름을 단 와인 프랜

차이즈를 만드는 것이다. 아직까지 맥주 등은 프랜차이즈가 있지만 와인은 없다고 판단했다. 커피를 이곳에 들여온 이유는 향 때문이다. 와인과 커피는 모두 향을 좋아하는 이들이 찾는 먹을거리다.

밤의 〈올리브트리〉는 단골들의 성지다. 주말이 되면 연인들, 친구들 삼삼오오 모여든다. 이곳에 애정이 많은 단골 중 예전 주인을 찾는 이도 많다. 단골들은 얼큰하게 와인 취기가 오를 때 이 집 차림표에 있는 짜파게티를 주문한다. 인스턴트 짜파게티에 이 집만의 향을 넣어 만들었다. "공간이 작아서 한 식탁에서 주문하면 그 향이 금세 전체로 퍼진다. 그러면 다른 분들도 해달라고 주문이 밀려든다."

와인목록도 예전과 다름없다. 다만 다른 내용이 조금 추가되었다. 3만3천 원의 균일가로 정해진 와인목록 안에 칠레, 남아프리카공화국 등 다양한 나라의 와인이 있다. 같은 나라 안에 여러 가격이 있던 와인목록과는 다르다. 20여 가지다. 주말에는 와인파티가 열린다. "지난주에는 바비큐와 와인을 함께 즐기는 파티를 했다. 2만 원만 내면 고기요리가 무제한 제공된다. 와인 콜키지는 1병까지 무료다." 그는 손님들에게 선보일 새로운 와인을 계속해서 발굴해야 한다고 생각한다. 무엇보다 와인에 대한 선입견을 버려야 한다고 말한다. "고가 와인은 질이 우수해서 맛있고 저가 와인은 반대라는 생각은 바르지 않다."

그는 사진 덕을 톡톡히 본다고 생각한다. 벽에 걸린 수많은 사진 속 사람들이 이곳을 찾은 이들을 향해 웃는 것 같다면서 이것이야말로 〈올리브트리〉를 다시 찾게 하는 비결이라고 말한다.

Olive Tree
올리브트리

주인장이 추천하는 와인

페레즈 크루즈 카베르네소비뇽 리저브(Perez Cruz Cabernet Sauvignon Reserva)

칠레 와인으로 카베르네소비뇽 90.1%, 메를로 3.4%, 카망네르 3.4%, 시라 3.1%로 구성되어 있다. 가격 대비 질이 우수하다. 〈올리브트리〉에서는 5만5천 원에 판매되고 있으며 밀크향이 코팅된 듯한 느낌이 좋다.

차림표

와인 3만3천 원 균일가의 와인목록(20여 가지)이 있다. 그 외의 와인은 60여 가지로 3만3천~20만 원대이다(부가세 포함). 와인목록에 바디감을 표시한 그래프가 있어 고르기 편하다.

요리 짜파게티 5천 원, 수세모듬소시지, 모듬치즈, 해물크림파스타 등은 6천~2만5천 원대이다.

정보

영업시간 낮 12시~새벽 1시, 일요일 휴무.

위치 서울시 서초구 서초동 1637-1 1층 , 교대역 1번 출구에서 500미터 정도 올라가면 보이는 〈뚜레쥬르〉 골목으로 두 블록 들어가면 보인다.

전화번호 02-525-6009

참고서적 〈클라시커 50 사진가〉〈해냄〉

먕의 한마디

격식이 필요 없는 20대에게 추천한다. 와인포차 같은 편안함이 있다. 아기자기한 느낌이며 상대적으로 가격이 싸다.

문화공간
속에서

맛의 샘을
만나다

CATERINA
카테리나

10

'태어난 곳을 버린다. 봇짐 챙겨 길을 나선다. 사랑하는 가족들과 헤어진다.' 생각만 해도 쓸쓸하다. 누구나 익숙한 곳을 버리고 떠나는 일은 고통스럽다. 1533년 이탈리아 메디치가의 딸, 카테리나도 그랬을 것이다. '카테리나 데 메디치(Caterina de' Medici, 캐서린 드 메디치 혹은 카트린 드 메디시스)'는 역사적인 인물이다. 역사는 그녀를 여러 가지로 평가한다. 프랑스 음식을 한 단계 높인 공로자 혹은 '성 바르톨로메오 축일의 학살'의 주범 등.

그녀는 1533년 프랑스 왕세자 앙리 2세와 정략결혼을 했다. 그런 이야기 속에는 은밀하게 숨겨진 이야기가 있기 마련이다. 남자주인공이 진실로 사랑하는 사람은 따로 있다는 것과 같은 이야기들이다. 앙리 2세는 디 안 드 푸아티에와라는 정부가 있었다. 애인은 앙리보다 20세 연상이었다. 20세 청년이면 여자는 40세이고 30세이면 50세인 것이다. 사랑에도 '나이는 숫자'일 뿐인가 보다. 무림고수의 수많은 권법 중에 색공이 최고라는데, 혹시 그녀가?

이런 사실들을 알면 카테리나의 결혼생활이 어두웠을 것이라고 생각하기 쉬운데 역사에서는 그리 불행하지 않았다고 적고 있다. 자녀를 10명이나 두었기 때문이다. 혹자는 예언자가 "당신의 아들들이 모두 왕이 될 것이다."라고 전한 말 때문에 현실을 이겨냈다는 소리도 들린다. 그녀의 아들 3명은 왕위에 올랐다. 요리세계에서 그녀가 유명한 것은 프랑스 궁중요리를 한 단계 올린 장본인이기 때문이다. 지금은 프랑스 요리가 '예술'이라고 평하지만 당시에는 퍽퍽한 독일 요리만큼 '별것' 없었다. 카테리나는 결혼을 하면서 친정집 요리사들을 데리고 갔다. 식기나 식재료, 각종 향신료, 양념들도 가져갔다. 프랑스 요리가 이탈리아 요리의 단비를 맞아 풍요로워졌다.

서울 혜화동에 가면 그녀의 이름을 딴 이탈리아 레스토랑 겸

와인집이 있다. 2002년 7월에 문을 연 〈카테리나〉. 주인장 이름도 특이하다. 아니 성이 독특하다. 탄영환(40) 씨. 그는 '카테리나 데 메디치'의 요리 업적에 감동해서 그녀의 이름을 따서 가게 이름을 지었다.

과거 그는 미술을 전공하고 전업작가 생활을 했다. 미술 중에 서도 조소를 공부했다. 취미는 맛난 것을 좋아하는 친구와 양식요 리를 먹으러 다니는 것이었다. 어릴 때 꿈 중 하나도 자신의 레스 토랑을 갖는 것이었다. 33세, 더 나이가 들기 전에 시작하는 것이 좋겠다 싶어 용감하게 레스토랑의 문을 열었다. 돈을 왕창 벌기보 다는 즐기면서 일을 하고 싶었다.

그는 〈카테리나〉를 열기 전에 여러 와인집에서 일하면서 공부 를 했다. 서울와인스쿨에도 다녔다. 이론적인 것은 그곳에서 배웠 고 실제 와인을 마시러 다니면서 감각을 익히고 경험을 쌓았다. 다닌 와인집의 와인목록에 있는 와인은 거의 다 마셔보았다고 자 신할 정도다.

〈카테리나〉의 3층은 전문 와인바이고 1, 2층이 요리와 와인을 함께 먹는 레스토랑이다. 처음에는 프랑스 와인이 많았지만 지금 은 이탈리아 와인이 많다. 수많은 시행착오를 거쳐 지금의 〈카테 리나〉가 만들어졌다. "처음에는 너무 힘들었다. 이곳 토박이들이 머지않아 망해서 나간다고 했을 정도였다."라며 탄 씨가 오래전 기억을 더듬는다. 그런 소리를 들을 때마다 강남으로 가야 되나 말아야 하나 고민도 많았다고.

하지만 그는 대학로에서 어떤 식으로든 최선을 다해 승부를 보 고 싶었다. 무엇보다 처음 음식 맛을 유지하기가 정말 어려웠다. 레시피를 여러 개 만들어서 먹어보고 수많은 실험을 했다. 요리사 도 바꿨다. 처음에 있었던 르 코르동 블루를 졸업한 요리사 대신

2007년에는 이탈리아 요리를 공부한 사람을 모셔오기까지 했다.

〈카테리나〉가 이런 역사를 가지게 된 것은 탄 씨가 처음에 잘못 잡은 계획 때문이다. 그는 '트렌디한 프렌치 레스토랑'을 만들 생각이었다. 하지만 대학로는 예전 대학로가 아니었다. 80년대 좀 문화적으로 '논다' 소리를 듣는 이들이 찾았던 대학로가 더 이상 아니었다. 그 시대와는 다른 매력들이 가득한 곳이 되었다. 그 매력에 반한 이들이 찾는 곳이다. 이탈리아의 매력과 닮아 보였다.

그는 〈카테리나〉를 이탈리아 레스토랑으로 변신시켰다. 불필요한 지출을 줄이고 아꼈다. 꾸준히 그 생각을 밀고 나가자 조금씩 성과가 보였고 2~3년 사이 입소문이 나면서 사람들이 찾기 시작했다. 미각에 예민한 사람들이 일부러 찾는 집은 아니지만, 편안하고 어떤 모임에도 잘 맞는 분위기가 인기를 끄는 요인이 되고 있다. "와인을 주문받으면서 고객분들에게 많은 것을 배웠다. 고객분들 취향을 잘 파악해서 와인을 추천했을 때 마셔보고 너무 맛있었다고 말해줄 때 큰 보람을 느낀다."

그의 앞으로의 계획이 독특하다. "최근 1~2년 사이 미슐랭 별점을 받는 곳을 보면 창조적인 음식이 있는 곳인 것 같다. 어떤 음식이든 창조적으로 현지화하는 것이 중요할 듯하다. 지금 우리가 먹는 카레도 본토 인도 카레는 아닌 것처럼 말이다. 예전 70년대 소위 경양식집에서 먹었던 양식이 어쩌면 우리가 창조적으로 서양요리를 해석한 것 아닌가 싶다." 그래서 그는 이탈리아 요리를 우리식으로 제대로 한번 민들어보고 싶다.

혜화동에서 남자 '카테리나 데 메디치'를 만났다. 그는 계속 고민하고 계획한다. 변화는 그의 편이고 이제 우리는 역사가 만들어지길 기다리면 된다.

CATERINA
카테리나

주인장이 추천하는 와인

샤토 로장 가시(Château Rauzan Gassies MARGAUX 2002)

프랑스 마고 지역에서 생산되는 와인으로 카베르네 소비뇽과 메를로, 카베르네 프랑이 블렌딩되었다. 손으로 수확한 포도를 사용해서 양조한다. 12~16개월 오크통에서 숙성 과정을 거친다. 아름답고 진한 색을 지니고 있고 정제되지 않은 복합적인 향이 특징적이다. 조화가 훌륭하다는 평을 듣고 있는 와인으로, 최고급 와인은 아니지만 그만큼의 맛과 향이 있어 좋아한다고 주인장은 말한다.

차림표

와인 총 300여 가지. 에스파냐(스페인) 와인이 다른 곳보다 많다. 3만8천~14만4천 원대이다(부가세 포함), 이탈리아 와인이 5만2천~41만8천 원, 프랑스 와인은 지역 별로 3~4가지이며 6만5천~39만8천 원대이다. 신대륙 와인은 4만5천~44만 원 까지 있다.

요리 샐러드 1만1천~1만5천 원, 수프 6천~1만3천원, 파스타 1만2천~1만3천 원, 스테이크 2만6천~3만7천원(부가세 포함) / 세트메뉴 2만9천~5만4천 원 / 피자 는 1만3천~2만3천 원, 리조또 1만6천~1만7천 원, 와인 안주 1만8천~4만5천 원.

정보

영업시간 평일 낮 12시~새벽 2시, 일요일 낮 12시~오후 12시까지. 구정과 추석 당일 빼고 쉬는 날 없다.

위치 서울 종로구 혜화동 202번지, 혜화역 1번 출구 옆 골목으로 들어가서 〈스타벅 스〉 맞은편.

전화번호 02-764-3201~2, www.caterina.co.kr

망의 한마디

대학로에서 편하게 이탈리아 요리와 와인을 즐길 수 있는 곳이다. 2, 3층은 단체 모임을 하기에 좋 고 1층은 데이트 하기에 좋다.

PART 3
달콤한 향과 독특한 분위기에 취하다

음악과 그림, 그리고 공간을 사로잡는 특별한 분위기가 있어 와인이 더욱 즐겁다.
달콤쌉싸름한 와인을 특별하게 만들어주는 분위기에 취해보자.

놈 | 레드브릭 | 민스키친 | 베네세레 | 브리스토트
쉐죠이 | 스토리 오브 와인 | 오월 | 인디고 | 미 마드레

사진제공 류창현

새콤달콤한 토마토와 향긋한 새우, 쫄깃한 스파게티 면이 어우러져
보기만 해도 군침이 도는 파스타를 만들어낸다.

향긋한 **유자**와 **포도향**이 흘러넘치다

NOM
놈

01

사진 찍는 '놈'과 운동하는 '놈'이 만나서 요리하는 '놈'들로 변신했다. 성신여대 앞 이탈리아 레스토랑 〈놈〉의 이야기다. '놈'의 주인 류창현(36) 씨는 음식을 잘 찍는 사진가다. 그는 각종 요리잡지와 식음료 기업의 음식 사진들을 찍었고 박찬호 선수의 부인 박리혜 씨가 펴낸 책 《리혜의 메이저밥상》에 들어가는 요리도 찍었다. 그의 요리 사진은 보기만 해도 군침이 흐른다. 그런 그가 요리를 카메라 안에 담는 데 그치지 않고 자신의 밥그릇에 담기 시작했다.

그의 곁에는 운동하는 '놈' 최만승(30) 씨가 있었다. 그는 대학에서 체육을 전공했지만 학비를 벌기 위해 음식점 아르바이트를 시작했고 그것이 계기가 되어 요리사가 되었다. 늦게 자신의 적성을 찾아낸 것이다. 목동에서 꽤나 유명한 〈라고파스타〉에서 요리사로 일했다.

이렇게 살아온 길이 다른 두 사람이 〈놈〉을 만들게 된 계기는 새벽 2시의 만남 때문이었다. 두 사람은 24시간 영업하는 헬스클럽에서 새벽 2시에 운동하는 유일한 사람들이었다. 서로를 격려하며 친구가 되었고 류 씨 집에서 최 씨는 곧잘 요리를 했다. 그 맛을 알아본 류 씨는 2007년 최 씨에게 〈놈〉을 함께 열자고 제안했다.

2007년 겨울, 두 사람은 드디어 각자의 장점을 살려 〈놈〉을 열었다. 여학생들이 득시글한 동네에서 〈놈〉이라니! 류 씨는 음식점 이름이 자랑스럽다. "〈놈〉 자리가 원래 점집이었다. 한 지인이 음기가 아주 강한 곳이라고 하더라. 화덕으로 굽는 피자를 만들길 잘했다는 생각이 들고 〈놈〉이란 이름도 양기가 강한 글자인 것 같아 흐뭇하다. 음기가 강한 곳에 불(화덕)을 활활 피우기 때문에 매우 잘 될 거다."

그래서인지 정말 〈놈〉의 식사시간에는 빈자리가 좀처럼 나지

않는다. 두 '놈'들 때문이기도 하지만 다른 '놈'들의 덕을 보기도 한다. 맛있는 음식을 대령하는 사람들도 모두 잘생긴 '놈'이기 때문이다. 이곳에서 아르바이트를 하는 오승준(21, 대학생) 씨는 〈놈〉을 찾은 음식 블로거들의 눈에 띄어 사진도 찍고 인기도 얻었다. 요리사도, 주인장도, 식탁 사이를 오가며 음식을 전달하는 이도 모두 F4다. 〈꽃보다 남자〉 촬영현장인가 착각이 들 정도다. 〈놈〉의 외모는 화려하고 아름답다. 속은 어떨까? 맛은 어떨까? 와인은?

이곳의 대표 메뉴는 '고르곤졸라(Gorgonzola) 유자피자'다. 치즈와 유자가 만나 묘한 맛을 낸다. 하지만 〈놈〉에만 있는 이 맛을 개발하기까지 류 씨는 고생이 많았다. "최만승 씨와 피자 도우를 만들기 위해 화덕에 반죽한 밀가루를 넣어 굽는데 엉망이 되었다. 오븐에서 굽는 배율을 그대로 적용한 것이 큰 실수였다." 그는 해결책을 찾아 길을 나섰고 다행히 화덕을 만들어준 화덕 장인의 도움으로 화덕에서 피자를 굽는 서울 시내 유명한 피자집을 모두 다녀보고 맛을 봤다. 류 씨는 그 집들의 요리사 중 한 분을 소개받아서 직접 배우기도 했다. 그런 노력 끝에 화덕에서 구울 때는 남다른 배율이 필요하다는 것을 알게 되었다.

수없는 시행착오를 거쳐 드디어 비법을 알게 되었고 이것이 지금의 〈놈〉을 만들어주었다. 모든 음식점들은 각자 자신만의 비법이 있다. 가게마다 실내온도가 다르고 음식을 만드는 조건도 다르다. 당연히 집집마다 가장 최고의 맛을 내는 비법도 다를 수밖에 없다. '고르곤졸라 유자피자'를 처음 만들었을 때 너무 단 것이 다음의 문제였다. 사람들은 단맛에 약한 듯 보이지만 단맛은 인기가 오래가지 않고 쉽게 질린다. 도우에 크림을 깔고 고르곤졸라 치즈를 얹고 유자차를 걸쭉하게 끓여서 부었더니 유자향이 치즈향을 없애버려 유자 맛만 났다. '이것은 아니다'란 생각이 퍼뜩 들었다

열정으로 가득 찬 멋진 '놈'들이 있어 〈놈〉은 더욱 빛난다.

고 한다. 그리고 며칠 밤을 지새우고 나서야 드디어 자신만의 '고르곤촐라 유자피자'의 맛을 만들어냈다. 그는 고르곤촐라 치즈 맛이 나면서 유자향이 살짝 밴 배율을 찾아냈다. 지금 〈놈〉의 스테디셀러다.

고르곤촐라 치즈는 이탈리아 롬바르디아와 피에몬테 지방에서 생산되는 블루치즈다. 고르곤촐라 지방에서 처음 만들어져서 붙여진 이름이다. 약간의 푸른곰팡이와 크림 같은 맛이 특징이다. 특히 다른 푸른곰팡이 치즈에 비해 향이 강하지 않아 인기가 좋다. 숙성 정도에 따라 비앙코(bianco), 돌체(dolce), 피칸테(piccante)로 나뉜다.

이곳의 와인은 류 씨가 고른 질 좋은 하우스 와인이다. 복잡한 와인목록이 없어 오히려 마음이 편하다. 좋아하는 와인을 가져와

도 된다. 콜키지 차지는 병당 1만 원이다. 와인잔은 넉넉히 바꿔
준다.

"고르곤촐라 유자피자 주세요."이곳저곳에서 그를 찾는다. 고
르곤촐라 유자피자는 확실히 여심을 잡았다. 양파 껍질만큼 얇은
피자 도우, 코끝을 스치고 지나가는 향긋한 유자향. 마치 개나리
가 피자판 위에 여왕처럼 등극한 꼴이다. 바삭바삭한 도우는 과자
같다. 단맛이 적당해 역겹지 않다.

때로 내 안에 넘치는 가벼움이 치유할 수 없는 병처럼 느껴져
절망감이 드는데 단맛도 약간 그런 속내를 가지고 있다. '고르곤
촐라 유자피자'의 단맛은 가볍지 않아 좋다. 노란 유자향은 향수
'샤넬 넘버5'보다 더 심장을 두드린다. 좋다. 그저 운동하다 어쩌
다, 사진 찍다 어쩌다 〈놈〉을 차린 '놈'들이 아니었다. 그들은 맛을
눈으로만 보지 않고 온 감각으로 느끼고 싶은 '놈'들이다.

〈놈〉을 운영하면서 류 씨는 한 가지 새로운 사실을 깨닫는다.
요리 사진은 살아 움직인다는 것. 요리가 생명체 같다는 소리다.
시간이 지날수록 우리가 늙어가는 것처럼 요리도 그 풍미와 맛과
향이 시간에 따라 변한다. 류 씨는 음식의 절정의 순간을 자신의
카메라에 담는다. 그 요리들이 류 씨의 식탁, 〈놈〉에 화려하게 선
보이고 있다.

NOM

놈

주인장이 추천하는 와인

옐로 테일 시라즈(Yellow Tail Shiraz)

호주에서 생산되며 미국에서 크게 성공한 와인이다. 주인장의 아내는 부드러운 목 넘김과 스파이시한 향이 좋고 파스타나 피자와 맛이 잘 어울리며 가격에 비해 만족도가 높아 추천한다. 주인장 류 씨보다 음식잡지 기자였던 아내가 더 자세한 이야기를 들려준다.

차림표

와인 콜키지 차지 1만 원, 하우스 와인 5천 원

요리 고르곤졸라 유자피자 1만3천 원, 피자 1만~1만3천 원, 파스타 9천~1만3천 원, 리조또 1만 원대, 샐러드 5~6천 원대.

정보

영업시간 오전 11시 30분~저녁 10시(음식 주문은 9시까지)

위치 서울시 성북구 동선동 2가 135-4 1층, 성신여대 정문 앞 카페 띠아모 옆

전화번호 02-929-1354

망의 한마디

여자들끼리 수다 떨면서 음식을 즐기기에 좋다. 하우스 와인만 있기 때문에 다양한 와인을 즐기기에는 적합하지 않다.

포근하게

몸과
마음을

채우다

RED BRICK
레드브릭

02

해가 진 회색빛 거리에서 곧잘 신발을 벗고 걷는다. 심지어 깨진 유리 조각이 있는 아스팔트에서조차 순식간에 운동화를 벗어던진다. 그럴 때면 동료들이 외치는 "미쳤어" 라는 소리가 들린다. 신발을 내던질 때는 대부분 어둑한 밤거리다. 알코올을 몸 안에 가득 담고 흔들거리는 다리를 두 눈으로 확인하면서 춤을 춘다. 해보지 않은 이는 모르리라! 얼마나 시원한지! 얼마나 행복한지! 이십대에는 신발을 벗는 대신 꽃을 꺾었다. 밤거리의 불빛들이 휘청거리는 자태들을 애정 어린 시선으로 바라보다가 붉은 꽃을 '확' 꺾었다. 진달래 아니면 철쭉이었다. 사랑스러운 꽃!

맨발로 걷는 아스팔트의 맛은 참 좋다. 아스팔트가 발바닥에 닿을 때마다 짜릿하다. 때로 나주 평야에서 만난 비빔밥처럼 투박하고 쫄깃하다. 아스팔트가 깔리기 전엔 분명 흙길이었을 것이다. 딱딱한 회색 아래 혹시 푸른 녹색이 숨 쉬고 있지는 않을까?

경북 영양 '대티골 숲길'이 떠오른다. 조선시대 대티골 사람들은 봉화군으로 넘어가기 위해서 몇십 킬로미터를 넘어 걸었고 그 숲길은 현대에 와서 복원되었다. 숲길 들머리는 마법의 융단처럼 보드랍다. 누구든 그곳에 가면 신발을 걷어찰 수밖에 없다. 맨발로 걸을 때마다 발가락 사이로 잎이 전해주는 알싸한 물기가 올라온다. 너무 행복하다. '나'를 벗고 자연을 만나는 일은 참으로 즐거운 일이다.

방배동 서래마을은 와인 한잔 내 몸에 '영접하고' 맨발 나들이를 자주 하는 곳이다. 〈맘마키키〉, 〈피노〉 같은 와인집들이 있고 그 골목들 사이로 〈레드브릭〉도 있다. 한 손에 신발을 들고 사뿐사뿐 걷다가 〈레드브릭〉 들머리에 도착하면 작은 테라스에서 방긋 웃는 꽃들이 그리 반가울 수가 없다. 살랑살랑 꽃들 사이로 지나가는 순풍도 인사한다. 그곳에 앉아 곧잘 해가 지는 세상을 지

예술품처럼 아름답다. 색감, 식감 모두 멋지다.

곳곳의 나무들이 자연과 조화를 이뤄
더욱 편안한 분위기를 만든다.

켜본다. 떨어지는 낙엽을 보는 것도 애잔하다. 흔히 가을은 남자의 계절이라고 하지만 실은 여자들의 숨겨진 고통을 들춰내는 시간이다. 특히 가을 저녁은 남자들이 마음을 고백하기 좋은 기회다.

이곳은 피자가 참 맛있다. 피자들 사이로 와인이 친구가 되어서 있다. 차림표에서 '모차렐라 치즈를 채워 화덕에 구운 토마토구이'가 눈에 들어온다. 긴 이름의 먹을거리다. 식탁 위에 올라온 토마토구이는 앙증맞다. 모양이 머리에 꽂는 리본처럼 예쁘다. 한 입에 넣기 적당해서 와인의 좋은 친구가 된다. 주인 고우현(43) 씨가 요리에 대해 설명을 한다. "말 그대로 모차렐라 치즈를 방울 토마토 안에 집어넣고 화덕에 굽는다. 다 익은 토마토 위에 블랙 올리브나 마늘 칩 등을 올린다. 뭘 올리느냐에 따라 맛이 조금씩 달라지며 한 접시에 12개가 나온다."

씹는 순간 토마토 껍질이 톡 터진다. 상큼한 즙 사이로 익은 치즈의 덩어리감이 느껴진다. '뽀모도로 스페셜 피자'도 맛나다. 빵은 바삭바삭한 크래커 같아 부서지는 맛이 있다. 얇은 빵은 찹쌀떡처럼 쫄깃하고 토핑은 토마토와 치즈, 얇게 썬 루꼴라다. 곱게 화장한 누이의 얼굴처럼 곱다. "밀가루는 48시간 저온 숙성해 쓴다. 이렇게 하면 먹을 때 이스트 냄새가 없어 좋다." 피자와 함께 등장하는 무와 피클의 색깔이 무척 예쁘다. 무는 와인에 절여서 붉고, 피클은 짙은 녹색이다. 에스키모 집 모양의 벽돌화덕이 눈에 띈다. 참나무로 불을 지핀다. 주인 고 씨가 유럽 여행 중에 발견한 벽돌화덕을 본떠 만들었다고 한다.

화덕에 대한 설명이 이어진다. "들머리는 가로 1미터 정도이고 전체 모양은 에스키모 집 같다. 들머리보다 화덕 안쪽이 넓다. 바닥은 이탈리아 수입 돌을 깔았고 그 위에 모래 같은 흙을 덮었다. 단열재로는 벽돌을 사용한다. 화덕이 그리 크지 않아 피자가 나오는 시간이 조금 걸리지만 구워져 나온 빵에는 참나무 향이 진하게 배어 나오는 것이 특징이다."

요즘 이탈리아 요리를 '좀 한다'는 소리가 들리는 집은 '유학'이란 명패를 단 곳이 많다. 프랑스니 이탈리아니, 몇 년을 어떤 학교에서, 누구 아래서 칼을 잡았느니 하는 소리들 말이다. "6개월 동안 제과제빵 기술을 배웠고 우리나라 요리학교와 피자스쿨을 다닌 정도가 전부다. 레스토랑을 준비하면서 열흘 정도 유럽을 여행했는데 독일에서 마음에 드는 집을 만났다. 그 집은 오픈 부엌이었고 격식도 별로 차리지 않은 소박한 곳이었다. 그 집처럼 만들고 싶었다." 그는 유명한 요리학교를 졸업한 것도, 소문난 레스토랑에서 실력을 닦은 것도 아니지만 자신을 믿고 이 길을 선택했다.

고 씨가 요리와 인연을 맺은 것은 20년 전이다. 군대를 마치고 아버지가 운영하는 레스토랑에서 일을 도왔다. 어릴 때부터 먹는 것, 요리하는 것을 좋아했다. IMF 때 아버지의 레스토랑은 문을 닫았고 아버지는 재기를 꿈꿨지만 쉽지 않았다. 2년간 직장생활을 하면서 아버지 곁을 지킨 그는 자신의 레스토랑을 만들 결심을 했다.

고 씨의 꿈은 뭘까? "맛을 아는 이들에게 인정받고 싶다. 앞으로 더 노력할 생각이다. 새로운 피자와 파스타를 계속 만들고 어울리는 와인들을 둘 생각이다." 이곳 와인은 신대륙에서 생산한 것들이 많다. 가볍고 편하게 먹는 피자와 어울린다. 참, 월요일은 쉰다. 손님에게 정성을 쏟으려면 주인도 너무 힘들면 안 되기 때문이란다.

RED BRICK
레드브릭

소믈리에가 추천하는 와인

아르볼레다 카베르네 소비뇽 2006(Arboleda Cabernet Sauvignon 2006)

칠레 와인이며 소믈리에는 드라이하고 풍부한 향, 가격에 비해 우수한
질이 높이 살만 하다고 한다. 또한 도수가 14.5도인데도 그 느낌이 강하
지 않아 좋다고 추천 이유를 밝혔다.

차림표

와인 레드 와인은 2만1천~11만 원대, 화이트 와인(샴페인 포함)은 2만1천~29만 원대이다. 칠레 와인이 많다. 레드 와인 중에는 50%가 칠레 와인이다. 총 50여 가지가 있다(부가세 별도).

요리 점심에는 주변 회사원들을 위해 2인용 피자, 파스타, 음료 3잔이 세트로 나온다. 가격은 1만9천 원. 피자는 1만~2만 원, 파스타는 9천~1만2천 원이다. 샐러드와 치즈는 각각 1천~1만7천 원이다.

정보

영업시간 오전 11시30분~밤 12시, 매주 월요일 휴무.

위치 서울시 서초구 반포4동 72-8, 서래마을 방배중학교 방면으로 올라가다가 왼편의 바이더웨이 편의점 골목에서 좌회전해 100미터 전방 왼쪽 1층.

전화번호 02-591-7878

망의 한마디

가벼운 마음으로 피자와 와인 한잔 마시기 위해 찾을 만한 곳이다. 첫 데이트하는 연인보다는 6개월 이상 사랑한 연인들에게 좋은 집. 동성친구들끼리 가볍게 와인 한잔 히기 좋다.

음악을 **연주하듯**

요리와

와인이
어우러지다

MIN'S KITCHEN
민스키친

03

극작가 이만희 씨는 연극 〈불 좀 꺼주세요〉로 유명해지기 전 한 고등학교에서 윤리를 가르쳤다. 1980년대 그 시절의 고등학교는 (지금도 그렇겠지만) '조는 놈', '장난치는 놈', 심지어 '빨간 책 보는 놈', '도시락 까먹는 놈'까지 여러 종류의 학생들이 착한 선생님을 '무시'(?)하고 '활동'하던 곳이었다.

이 씨는 그런 '놈'들을 불러냈다. "내가 때리는 척하면 너는 최대한 아픈 연기를 하는 거야. 잘하면 그냥 들어가고, 못하면 매점 가는 심부름 한다."라고 말하고는 학생을 세게 때리는 시늉을 했다. 껑충하게 키만 큰 아이들은 '으악' 비명을 지르면서 자지러지는 연기를 최대한 과장해서 했다. 지켜보는 다른 학생들은 얼마나 웃기겠는가! '뻔'할 것 같은 체벌이 '펀'(fun)해졌다. 그의 수업을 들었던 사람들이 전하는 이야기이다. 훌륭한 선생님이다. 그러던 그가 어느 날 교사라는 직업 대신 극작가의 길을 걷기 시작했다. 인생을 바꾼 것이다. 쉬운 일은 아니다. 용기가 필요하다. 삶을 시기별로 나눠서 완전히 다른 인생을 살면 얼마나 재미있을까! 물론 누구나 할 수 있는 일은 아니다.

'맛있는 동네'를 주유하다 보면 이만희 선생 같은 이들을 종종 만난다. 음식이 무엇이기에 이전의 삶을 송두리째 뽑아버릴까 궁금해진다. 청담동 〈민스키친〉 주인 김민지(34) 씨도 그런 이다. 통통하고 커다란 눈이 그저 선하게만 보이는 그는 원래 목관악기 바순을 연주하던 음악장이였다.

예술고등학교를 졸업하고 네덜란드로 유학을 갔지만 그의 오감을 사로잡은 것은 음악이 아닌 음식이었다. 어릴 때부터 음식이 좋았고 맛있는 것을 만들어서 친구들을 초대하는 것을 좋아했다. 그는 파리, 이탈리아 등 훌륭한 음악 선생님을 쫓아 바순을 배우러 떠난 레슨 길에서도 먹을거리를 찾아 나섰다. 틈틈이 그 나라

1 와인이 있어 계단의 묘미가 살아난다. 2 소박하고 정갈한 밥상이 볼수록 정겹다. 3 미로 같은 계단을 오르면 환상의 와인세계가 펼쳐진다.

의 요리를 배우면서 음식 만들기에 조금씩 눈을 뜨기 시작했다.

서울에서 5년간 서울 심포니 오케스트라 단원으로 활동했지만 자신을 한순간 사로잡았던 요리에 대한 미련을 버릴 수가 없었다. "친구들을 자주 초대해서 내 음식을 맛보게 했다. 내가 만든 음식을 먹고 즐거워하는 사람들을 보는 것이 마냥 행복하다." 그가 음표보다 콩나물을 선택한 이유 중 하나다.

그가 만든 〈민스키친〉은 서양식(?) 한식집이다. 2층으로 이어지는 하얀 계단은 마치 이탈리아 레스토랑 같고 곳곳의 풍경은 영화 〈판의 미로〉처럼 신비롭다. "외국 친구들이 한국을 찾아오면 마땅히 데려갈 만한 곳이 없었고 거창한 한식집은 부담스러웠다. 그래서 카페처럼 예쁜 한식집을 만들고 싶었다."

그가 개발한 '콩나물 냉채'는 아삭하고 시원하다. 접시 가운데 커다란 콩나물들이 큰 산처럼 우뚝 솟아 있다. 그 아래도 마치 왕을 모시는 장군들처럼 조개, 새우, 버섯들이 다소곳이 앉아 있다. '콩나물 냉채'에는 콩나물, 조개, 새우, 고동, 오징어, 표고버섯이 들어간다. 예전에는 쇠고기도 넣었는데 미국산 쇠고기 사건 때문에 지금은 뺐다. 손님들이 오히려 좋아한다고 말한다. 요리의 가장 중요한 점은 소스다. 각각의 재료는 다듬는 데 손이 많이 가고 대부분 살짝 익힌다. 표고버섯만 간장, 설탕 등으로 버무린 뒤 볶는데 이런 이유로 소스가 가장 중요하다고 말한다. 이 요리의 소스 바탕은 간장이다. 거기에 설탕, 고추기름, 마늘 등을 넣는데 그 배율은 김 씨만 아는 비법이다.

'제주 흑돼지 오겹살 보쌈'도 눈에 띈다. 이 요리는 제주도에서 올라온 흑돼지가 주재료다. "보쌈 요리를 하려고 여러 지역의 돼지들 맛을 봤는데 제주도 흑돼지가 가장 맛있고 탄력이 있었다." 그가 제주 흑돼지를 고른 이유다. 된장과 커피로 돼지 특유의 잡

여성 고객을 위한 세심한 인테리어가
눈에 띈다.

냄새를 없애고 고기는 채소 대신 삭힌 깻잎과 묵은 김치에 싸먹는
다. 묵은 김치는 잘 씻어서 매운맛이 없고 삭힌 깻잎은 고향 냄새
가 물씬 난다. 모두 고향 대구에서 가져온 것들이다. 뭉클뭉클하
고 얼음판처럼 미끈미끈한 돼지 지방이 거친 깻잎 결을 만나서 쫄
깃해지더니 묵은 김치 때문에 금세 아삭해진다.

이곳의 차림표는 주인 김 씨가 매일매일 보는 장에 따라 달라
진다. 지금도 공부하는 마음으로 시장을 본다는 그는 처음 보는
식재료를 만나면 그리 반가울 수가 없단다. "새로운 것을 발견하
면 너무 즐거워서 파는 이한테 자세하게 요리법을 물어보고 머릿
속에 넣고 돌아와서 만들어보곤 한다." 음악을 전공한 예술가답
게 그의 차림표에는 그만이 만들 수 있는 새로운 요리들이 많다.
'허브소금과 닭날개 튀김', '대파소스와 닭안심요리' 등 듣기만 해
도 호기심이 들끓는다.

이런 음식들과 어울리는 와인도 많다. 한식도 와인과 먹을 수
있다는 것을 보여주려고 만들었단다. 자신의 요리와 가장 잘 어
울리는 와인으로 선택한 것은 파고 플렌티노(Pago Florentino
2005, 에스파냐)와 샤토 다가삭(CH' D'Agassac 2004, 프랑스), 시
토 모레스코(Sito Moresco 2005, 이탈리아)이다. 이 밖에도 유명
세가 있거나 대중적인 와인들이 약 120여 가지가 있다.

주인장은 새로운 인생을 찾은 이답게 얼굴에서 환한 빛이 뿜어
져 나왔다. 누구나 그럴 수 있는 일은 아니라고? 인생을 바꾸는 팔
자는 다 정해져 있다고? 체념하는 순간 인생은 정말 그렇게 정해
진다. 굳이 직업을 바꾸고 다른 일을 시작하지 않더라도 '행복한
미소'를 지을 수 있으면 된다. 그것이 안 된다면 김 씨처럼 새 길을
찾아보는 것도 나쁘지 않다. 오늘보다 행복한 내일을 사는 사람이
되면 좋지 않을까?

MIN'S KITCHEN

민스키친

주인장이 추천하는 와인

파고 플로렌티노 티노(PAGO FLORENTINO TINO) 2005

에스파냐(스페인) 와인으로 주인이 아는 지인인 소믈리에 장클로드 씨가
추천했다. 에스파냐 와인을 알리기 위해 한국을 방문한 그는 한식과 어
울리는 와인으로 이것을 꼽는다. 미디엄 바디에 특유의 향이 강하다. 초
보자도 쉽게 먹을 수 있다.

차림표

와인 프랑스 40%, 이탈리아 20%, 칠레 20%, 호주 10%, 에스파냐 10%이며 총 110가지를 보유하고 있다. 가격은 3만~140만 원까지다(부가세 별도).

요리 단품요리 1만5천~5만3천 원(별도), 코스 2만5천(9가지)~9만 원(12가지)

정보

영업시간 오전 11시 30분~오후 3시, 오후 5시 30분~저녁 10시, 매주 일요일 휴무.

위치 서울시 강남구 청담동 1-9번지 2층, 도산대로에서 학동사거리로 가다가 사거리에서 우회전해서 20미터 정도 올라가면 오른쪽에 위치.

전화번호 02-544-1007, http://www.minskitchen.kr

맹의 한마디

독특한 한식과 와인을 맛 볼 수 있다. 20대부터 중년의 여성들까지 모임하기 좋다. 모던한 느낌이 인기다. 양이 많지는 않다. 배부르게 먹기 위해서는 돈이 좀 든다. 적은 양, 맛난 음식 찾는 이가 좋아할 만하다.

이탈리아의 **향취를**

흠뻑

느끼다

Benessere
베네세레

04

여행을 하다 보면 대개 잊을 수 없는 한두 가지 추억거리를 가슴에 담아오기 마련이다. 몇 년 전 가을, 이탈리아 남부 시칠리아 섬에 딸려 있는 판텔레리아 섬을 취재차 다녀왔다. 우리나라로 치자면 울릉도 옆에 독도라고나 할까! 2년이 흘렀지만 아직도 문득문득 그곳이 그리워질 때가 있다. 잘생긴 이탈리아 청년과 사랑을 나눈 것도 아닌데 그리워 미치겠다. 무슨 이유인지 곰곰이 생각해보니 이탈리아 음식 때문이다. 지중해의 비릿한 냄새마저도 최고의 식재료로 사용하는 이탈리아 음식, 지워지지 않는 첫사랑처럼 그 맛이 선명하다.

이탈리아 남쪽 시칠리아의 음식엔 고기가 많지 않다. 목축업이 발달되어 있지 않기 때문이다. 바다로 둘러싸인 섬이어서 식재료는 주로 해산물과 채소다. 요리의 색깔은 원색적이다. 특히 디저트가 그렇다. 인접한 에스파냐(스페인)의 분위기가 느껴진다.

지난 몇 년 사이 외식 문화가 확산되면서 국내에서도 어렵지 않게 이탈리아 레스토랑을 볼 수 있게 됐다. 하지만 이탈리아 취재 때 느낀 그 기억을 되살려주는 집을 찾기는 쉽지 않았다.

서울 신사동 가로수길에 있는 〈베네세레〉(영어로 well being이라는 뜻)의 요리사 김상민(34) 씨는 그 시칠리아의 맛을 서울 한복판에서 재현해내는 데 온 힘을 쏟고 있다.

그는 이탈리아 밀라노의 요리학교 IPCA 출신이다. 학교생활 3년간 수업이 없는 날이면 이탈리아 전국을 돌며 맛집들을 찾아다녔다고 한다. 그런 발품을 들인 끝에 그가 선택한 것이 바로 시칠리아 요리. 그래서 그의 맛집 〈베네세레〉에는 시칠리아 요리가 가득하다. 이탈리아 하면 떠오르는 요리는 뭐니뭐니해도 피자다. 이곳에는 다른 이탈리아 레스토랑에서 찾아보기 힘든 '비스마르크' 피자가 있다. '비스마르크' 피자는 한가운데에 달걀을 얹은 게 특징이다. 밀가루 반죽을 펴서 토마토소스를 바르고 치즈와 프로슈토(돼지 뒷다리로 만든 이탈리아 햄)를 얹은 다음 반숙으로 익힌 달걀을 올려 굽는다. 완성된 피자 위에 노른자를 터뜨려서 먹는다.

이탈리아 요리 용어사전을 보면, '비스마르크'란 일반적으로 아스파라거스, 피자 요리 등에 달걀 프라이를 올려 조리하거나 달걀 프라이를 곁들이는 풍의 요리를 일컫는 말이라고 적혀 있다. 우리에겐 '철혈 재상'으로 잘 알려진 독일제국 초대 재상의 이름으로 더욱 친숙하다.

비스마르크 피자를 만드는 방법은 일반 피자와 별다를 게 없다. 반죽해서 발효시키고 손으로 밀어서 토핑해서 굽는다. 화덕 비슷한 오븐에서 굽는 시간은 4~5분 정도다. 이곳은 화덕 대신 화덕과 비슷한 오븐에서 굽는다.

피자 가장자리에는 붉은 띠가 둘러져 있다. 그 위에 올라간 노란 달걀이 숟가락의 힘에 눌려 터진다. 순간적으로 노른자의 밝은 기운이 흥건하게 퍼진다. 해풍이 가져다준 짠 듯한 맛이 납작하고 텁텁한 밀가루의 맛을 한순간 짜릿한 것으로 바꾼다. 피자를 한입 베어 물자 몇 년 전 시칠리아 바닷가에서 맛본 밀가루의 우아한 풍미가 느껴졌다.

디저트로 나오는 '시칠리아 스타일의 레몬셔벗'과 스페셜 요리에 들어간 판체타(이탈리아 베이컨)도 이탈리아 본토의 맛을 내기 위해 김 씨가 정성을 쏟은 것들이다. '시칠리아 스타일의 레몬셔벗'은 물, 레몬즙과 설탕, 레몬껍질, 생크림을 섞어 이틀 동안 냉장고에 숙성시켜 만들며, 이때 레몬향이 중요하다. 레몬의 신맛에 단맛이 입혀져 새콤하고 솜사탕처럼 달콤한 맛을 함께 느낄 수 있다.

판체타는 두 달 걸려 만든다. 돼지 삼겹살을 일주일간 소금에

격식이 있는 모임이나 프러포즈를 할 때 적합하다.

새콤달콤한 파스타와 상큼하면서 시원한 레몬셔벗, 담백한
비스마르크 피자.

절인 다음 하루 동안 흐르는 물에서 소금기를 뺀 뒤 3일간 건조시키고 훈제한다. 향을 위해 훈제 땔감으로 참숯과 히커리(바비큐 요리에 땔감으로 사용되는 나무)를 사용한다.

깔끔한 외모와 세련된 말솜씨를 자랑하는 김 씨는 왜 하필 이탈리아 요리를 배웠을까? "식품영양학을 전공했고 원래 일식 요리를 하고 싶었다. 군대를 다녀와서 1999년경 청담동 〈마두〉라는 파스타 전문 요리집에서 아르바이트를 했다. 서양식 레스토랑이 많을 때가 아니었기 때문에 처음 파스타를 만났다. 재료가 그리 많이 들어가지 않는데 요리가 되고 재료를 조금만 바꿔도 완전히 다른 요리가 되는 것에 홀딱 반해버렸다."

그는 1년 만에 〈마두〉에서 인정받아 요리사가 되었다. 막내 요리사 생활을 짧게 한 편이란다. 일본에서 출간한 서양 요리책으로 공부를 한 것이 큰 도움이 되었다. "당시는 일본 서양 요리책 중에 훌륭한 것이 많아 일본에 직접 가서 책을 산 경우도 많았다."

그는 조금씩 인정을 받을수록 불안했다. 한계가 느껴지고 진짜 피자와 파스타의 고향에서는 어떻게 요리를 하는지 알아보고 싶었다. 요리학교 IPCA는 원하는 과목을 골라서 들을 수 있어 선택했다. 이탈리아로 요리 유학을 떠난 이유다.

이 집의 비스마르크 피자 값은 한 판에 2만2천 원(부가세 별도). 최근 들어 밀가루 값이 크게 올랐지만 예전 값을 그대로 받고 있다.

이탈리아 요리에 실과 바늘은 무엇일까? 역시 요리와 와인이다. 식재료의 풍미를 살린 뽀송뽀송한 요리에 붉은 이탈리아 와인들이 연인처럼 등장한다.

Benessere
베네세레

주인장이 추천하는 와인

이 발지니(I Balzini)

이탈리아에서 생산되며 슈퍼토스카나 와인이다. 김 씨가 이탈리아에서 공부할 때 잘 가던 밀라노 피자집에서 마셨던 와인이다. 비스마르크와 잘 어울린다고 한다. 30시간에서 1시간 디캔팅 한 후 마시면 더욱 맛있다. 1991년부터 판매가 시작되었으며 '좁은 벼랑이나 경사'란 뜻을 지니고 있다. 포도나무가 경작되는 토지의 모양을 따서 지은 이름이라고 알려져 있다.

차림표

와인 이탈리아 와인을 비롯해 150여 가지를 보유하고 있다. 4만~6, 7만 원대가 가장 많고 그 이상의 가격도 있다(부가세 별도).

요리 파스타, 리조또 1만8천~2만 원, 코스 3만2천 원 혹은 4만9천 원, 스테이크 3만~5만 원(스테이크를 먹을 경우 4만9천 원짜리 코스를 주문하는 것이 낫다.) (부가세 별도)

정보

영업시간 낮 12시~밤11시, 준비시간 오후 3시~5시 30분

위치 서울시 강남구 신사동 532-8 예빌딩 2층, 가로수길 끄트머리에(신사역 기준) 있으며 1층이 〈커피빈〉이다.

전화번호 02-3444-7122

망의 한마디

사랑하는 이와 어른신과 조용히 음식과 와인을 즐길 수 있는 곳. 차분한 분위기가 좋다. 가격이 조금 비싸다는 느낌이 든다.

모란꽃처럼
순박하고
때론
쌉쌀한 맛을
만나다

BRISTOT
브리스토트

05

종이로 만든 요강이 상상이 가시는지? '쉬'를 하는 순간 액체들이 술술 새지 않을까! 예전 우리 조상들은 특별한 날에 종이로 만든 요강을 사용했다. 지승요강, 종이를 아주 가는 실처럼 만들어서 엮은 요강이다. 매우 촘촘해서 그 표면에 옻칠이나 기름칠을 하면 단단해지고 물이 새지 않았다. 이 요강을 쓰는 이들은 혼례를 치른 새색시들이다. 혼례를 치르고 신랑의 집으로 갈 때 길이 멀면 대소변이 낭패다. 하지만 예쁜 꽃가마에 무거운 쇠로 만든 요강을 넣을 수는 없는 노릇! 그래서 가벼운 '지승요강'이 필요했다. '센 소리'가 나는 상황에도 종이라는 특성 때문에 신랑에게 크게 흉잡히지 않고 시원하게 '볼일'을 봤다. 여자라면 '지승요강' 이야기를 듣고 배시시 웃을 것이다. 종이요강이라니! 머릿속에 수백 년 전 꽃가마 안에서 흔들거리면서 '쉬'를 보고 있는 여자들의 모습이 그려진다. 여자들에게 '큰 웃음' 선사하는 이야기다. 입장과 위치가 같으면 옳고 그름을 따지기 전에 공감의 폭이 넓어진다.

충정로 5호선과 2호선 사이 좁은 골목 안에 다소곳이 자리 잡은 〈브리스토트〉의 주인 함모란(28) 씨를 만나면 그녀의 선택에 많은 젊은 여성들이 공감한다. 25세 '88만원 세대'에게 2000년대에 선택할 수 있는 것이 얼마나 있을까? 더구나 자신의 적성과 소질을 유감없이 발휘하면서 신나게 일할 곳은 또 얼마나 있을까? 그녀는 큰 결정을 했다. 학교를 마치고 다른 이들처럼 자기소개서를 들고 이 기업 저 기업 동분서주 하기를 그만두었다. 취업을 하지 않았다. 〈브리스토트〉를 통해 자신이 좋아하는 것들을 펼칠 수 있는 장을 스스로 만들었다.

그녀는 감수성이 풍부한 여느 20대 여성들처럼 맛난 먹을거리와 예쁘고 아기자기한 소품, 음악, 그림을 좋아한다. 곧잘 맛난 것을 만들어서 가족과 친구들에게 선보이기도 했다. 그런 일이 좋았

아기자기한 창과 나무 탁자가 마치 아지트에 온 것 같은 느낌이 들게 만든다.

다. 자유롭게 가슴속에서 우러나는 것들을 하며 사는 삶, 누구의 눈치도 살피지 않고 자신의 본성대로 사는 삶, 그렇게 살고 싶었다. 그는 '내가 찾아가는 인간관계보다 나를 찾아오는 인간관계를 만들자'라는 생각으로 일을 저질렀다.

2006년 〈브리스토트〉에는 커피만 있었다. 참, 〈브리스토트〉는 유명 커피브랜드도 있다. 2006년 9월의 풍경이다. 조금씩 단골들이 늘면서 와인, 피자, 파스타도 차림표에 들어갔다. 어떤 요리는 단골들이 직접 레시피를 건네주기도 했다. 이곳을 찾는 이들과 그는 유대감이 강하다. 워낙 외진 골목에 있어서 단골이 아니면 찾기조차 힘들다. 그녀는 여기가 좋아서 오시는 분들과 교류하는 시간들이 너무 행복하다고 한다. 종종 친구가 되어버린 손님들과 '쿠킹클래스'도 연다. 재료비만 내고 함께 만들고 서로 의견을 교환하는 자리다. 손님이 아니라 친구고 가족이다. "어떤 분은 며느리 삼자고 하신다." 넉넉한 미소 속에 나이를 떠나 누구와도 친구가 될 수 있는 재주가 그녀에게 있다.

그녀의 예쁜 이름, '함모란'은 아버님이 지어준 것이다. 모란꽃처럼 예쁘게 크라고 지어주셨다. 그녀의 삶에서 가족은 가장 큰 버팀목이다. 보기 드문 대가족이다. 3형제인 그의 가족은 형제들의 배우자, 아이들까지 모두 함께 산다. 9명이다. 주말이 되면 모두 모여 음식을 만들어 나눠 먹는다. 주말마다 잔치가 열린다. 이 잔치는 그녀에게 좋은 실습의 장이다. 새로운 메뉴를 만들면 그녀는 어김없이 음식을 만들어 가족에게 맛을 보인다. 연세가 많은 부모님부터 중·상년층, 아기들까지 다양한 연령대의 입맛에 오케이 사인이 떨어지면 〈브리스토트〉 차림표에 넣는다. 오븐에서 구운 피자 도우지만 손님들은 화덕에서 구웠냐고 묻는다. 정성이 맛을 만들어내는 것이리라.

〈브리스토트〉에는 조용한 클래식음악과 재즈음악이 뜨거운 물에 살살 풀어지는 커피가루처럼 번진다. 그녀는 특히 '스탄 게츠(Stanley Gayetzby)'를 좋아한다. 스탄 게츠는 1927년에서 91년까지 미국에서 활동한 재즈연주자이다. 25세 처자가 미치도록 좋아하기에는 무거운 음악이다. 이는 일곱 살 위 언니의 영향이다.

음악 취향처럼 와인에 대한 그의 기호도 예사롭지 않다. 수년 간 '바짝' 공부했다. 언제 그리 많이 마셔보았을까 궁금해진다. "동호회 활동도 하면서 와인을 독학했다. 거친 형식에 치중된 와인 문화가 싫었다." 그는 책을 통해 많은 부분을 배웠고 여러 종류를 자주 마시면서 지식과 감각의 영역을 넓혀갔다. 와인 책을 한 권 붙잡으면 5~6번은 읽는다. 늘 곁에 두고 참새가 방앗간 드나들듯이 와인에 관해 궁금한 것이 생기면 뒤적거린다. 그녀가 와인을 맛볼 때 운 좋게 그곳을 찾으면 공짜로 와인을 맛볼 수도 있다. 새로운 와인이 궁금해서 한 병 따면 반 잔 정도 마시기 때문에 남은 와인은 손님에게 서비스로 제공한다.

이곳의 와인은 총 50여 가지가 있으며 칠레, 미국 캘리포니아 산이 많다. 이곳을 찾는 손님들은 프랑스 와인을 그다지 선호하지 않는다고 한다. 가벼우면서 과일향이 많이 나고 바디감은 중간 정도 되며 가격은 3만 원부터 있다.

그녀의 꿈이 계속 이렇게 유지되었으면 한다. 이곳에서 연애해서 결혼한 사람들도 있는데, 그들이 아이들을 데리고 다시 이곳을 찾아도 여전히 남아 있는 곳이 되도록 만들겠단다. 최근에는 한 일간지 기자가 미국특파원으로 가면서 돌아올 때까지 이곳을 꼭 지키라고 신신당부하고 갔다고 하니 이곳을 찾는 이들의 애정이 절로 느껴진다.

친구들이 많이 부러워하지만 다들 선뜻 그녀처럼 선택하지는 못한다. 20대는 거친 모래바람 속에서 자신이 가야 할 길을 골라야 하는 '질풍노도'의 시기다. 그녀의 선택에 박수를 보낸다.

BRISTOT
브리스토트

주인장이 추천하는 와인

폰토디 키안티 클라시코(Fontodi Chianti Classico) 2005

이탈리아에서 생산되는 고급 와인이다. 와이너리 폰토디는 이탈리아 토스카나 지역에 있다. 이곳은 좋은 포도를 생산하는 데 최적의 조건을 가진 곳이라고 알려져 있다. 포도 품종은 산지오베제 100%이고, 와인 스펙테이터 92점을 받았다.

차림표

와인 50여 가지 와인이 있다. 그중에서 칠레 와인이 많다. 샤토 기봉이 5만2천 원, 십만 원대가 한 병 있다. 3만 원부터 10만 원까지 있으며 4~5만 원대가 대부분이다.

요리 커피 3~4천 원, 피자, 스파게티, 리조또, 샐러드류, 홍합요리 등 1만~1만3천 원, 허브티 3~7천 원, 파스타 1만5백~1만3천 원(1만1천 원이 많다.), 안주 1만1천~3만4천 원.

정보

영업시간 오전 11시 30분~밤 12시. 토요일, 일요일, 공휴일 휴무.

위치 서울 서대문구 충정로 3가 256번지, 충정로역 9번 출구로 나와 〈공한의원〉 옆 작은 골목으로 들어가서 두 번째 집이다.

전화번호 02-362-5006

망의 한마디

때로 혼자 와인이나 커피를 마시러 가고 싶을 때 최고다. 10평, 꼭 내 집 같다. 다른 곳보다 와인가격이 착하다. 2층은 5~6명 와인파티하기에 좋다.

당신이

진정
원하는

와인을
만나다

CHEZ JOEY
쉐죠이

06

내리쬐는 햇볕이 아스팔트를 뜨겁게 달구던 어느 날, 역삼동 좁은 골목을 걷다가 와인집 〈쉐죠이〉로 향한다. 삐걱, 문을 열고 들어간 대낮의 〈쉐죠이〉는 어둡지만 문턱을 넘자마자 향긋한 빵 냄새가 반긴다. 한 사내가 엉거주춤 일어나서 차림표를 내민다. 탱탱한 스파게티 면 같은 퍼머머리가 고슬고슬 어깨까지 내려오고 언뜻 봐도 키는 180센티미터가 넘어 보인다. 훤하다. 하얀 피부에서 부드러운 음성이 자장가처럼 흘러나온다. 한눈에 사람을 사로잡는 힘이 있다.

그가 커피 한 잔과 두 개의 번을 내온다. 번(bun)은 영국 요크셔 지방 등에서 먹는 빵이다. 밀가루, 설탕, 달걀, 이스트, 버터로 만든다. 납작한 바닥과 둥근 모양, 단맛이 특징이다. 문지방을 넘자마자 코끝을 유혹한 향은 바로 이 번 때문이었다.

사내의 이름은 안준범(41)이다. 그는 와인세계에서 알아주는 인사다. 2009년 초에는 《와인 읽는 CEO》라는 책도 출간했다. 2000년도부터 보드로와인아카데미, 경희대, 중앙대 등에서 와인에 대해 꾸준히 강의를 했다. 한때 매일유업에서 만든 와인수입업체인 '레뱅드매일'에서 와인 셀렉션 업무를 맡기도 했다. 인터넷에서 그의 이름을 치면 그와 관련된 뉴스가 수두룩하게 뜬다. 그는 이른바 와인전문가다.

2001년 그가 와인집 〈쉐죠이〉를 열었을 때 한국에 와인집이라고는 손에 꼽을 정도로 적었다. 와인에 대한 관심은 늘기 시작했지만 그것에 대한 궁금증을 풀어줄 사람은 적었다. 당시 그는 그 궁금증을 풀어주는 해결사였다. 그가 가진 특별한 이력 때문이었다.

그는 한국외국어대학교 불어학과를 다니다가 프랑스로 유학을 갔다. 영화연극을 공부하기 위해서였지만 와인의 세계에 더

깊이 빠졌다. 철학공부까지 마친 그는 〈와인과 시〉란 논문을 썼다. 이미 옛사랑(영화, 연극)에게 마음이 떠난 그는 가슴 두근거리는 새로운 사랑(와인)을 찾아 길을 나섰다. 파리3대학과 소르본대학에서 학사학위 3개를 따고 와인공부를 본격적으로 시작했다.

프랑스 론에 있는 포도주대학 '유니베르시테 뒤 뱅'에서 와인을 공부했고 이탈리아로 넘어가 와인 스승을 만났다. '피아첸차대학'의 마리오 프레고니 교수였다. 그곳에서 만난 에스파냐(스페인) 친구를 따라 에스파냐에도 가고 독일 와인이 궁금해서 독일로도 발걸음을 옮겼다. 점점 그의 혀는 붉은 와인의 미세한 떨림과 차이를 섬세하게 파악하고 구별할 수 있도록 단련되었다. 와인이 그의 인생에서 가장 친한 동반자가 된 것이다.

그런 그가 2009년 이제 달짝지근한 빵 번을 준다. 폭신폭신한 번을 한입 베어 물 때마다 그가 예전에 건네준 와인들이 절로 생각난다.

"저녁에는 여전히 와인이 있다. 하지만 이제는 빵도 맛볼 수 있는 곳이 되었다. 여름이 되면 맥주도 팔 생각이다." 이런 그의 변신은 지금의 와인산업과도 무관하지 않다. 2009년 국세청이 발표한 자료에 의하면 2008년 술 소비량은 3.3% 증가했지만 소주와 맥주가 강세이고 와인은 작년대비 12.5% 줄었다. 그가 말하는 〈쉐죠이〉의 역사는 어쩌면 우리 와인의 역사일지 모른다. "2001년에는 기업의 회장님들이 주로 찾았다. 그 이후로 기업의 임원들이나 외국여행을 많이 한 이들, 유학을 다녀온 이들이 오더라. 그 다음에는 40대 중반의 젊은 금융인들이 찾아왔다. 와인의 세계에 빠진 젊은 친구들도 하나둘 오기 시작하더니 요즘은 저가 와인이 많이 나간다." 이곳을 찾던 이들 중에는 이름만 대면 알 만한 재벌가 기업인도 있고 지금 우리 와인계를 쥐락펴락하는 인사들도 있다.

와인과 와인잔, 사진, CD가 정신없이 놓여 있지만 이것들이 또 자연스레 어우러져 〈쉐죠이〉만의
독특한 분위기를 만든다.

70~80만 원대의 프랑스 그랑크뤼급 고급 와인도 턱턱 팔렸다. 하지만 작년부터 고급 와인을 찾는 이들은 줄었고 와인과 함께 먹을 수 있는 음식을 찾는 이들이 늘면서 그는 빵을 굽기 시작했다. S호텔 출신 주방장을 데려와 음식을 만들어보기도 했지만 왠지 〈쉐죠이〉의 맛과 어울리지 않는 듯했다. 이는 아마도 그가 가지고 있는 〈쉐죠이〉에 대한 철학 때문이리라. 그의 머릿속의 〈쉐죠이〉는 와인이든 차든 무엇이든 편안한 마음으로 즐길 수 있는 곳이어야 했다. 간편한 먹을거리가 있어야 했다. 그래서 '번'이 등장한 것이다.

와인집 〈쉐죠이〉는 와인과 빵을 파는 곳인 동시에 문화적인 생산물(안 씨 저술)을 만드는 공간이기도 하다. 그는 앞으로 외국에 있는 좋은 와인책을 번역할 생각이고, '착한' 와인을 파는 숍도 운영할 생각이다. 또 2~3개월 살 수 있는 여비를 마련해서 이탈리아 피에몬테에서 살고 싶기도 하다. 와인을 좋아하는 이들과 함께 와이너리 투어도 하고 싶단다.

감성이 넘친다. 그의 감성은 이미 〈쉐죠이〉란 이름에서도 나타났다. 영화 〈팔 조이〉(Pal Joey, 1957)에서 이름을 따왔다. 리타 헤이워스, 프랭크 시나트라, 킴 노박이 주연을 한 영화다. 영화 속에서 프랭크 시나트라는 리타 헤이워스에게 "네가 원하는 술집을 차려줄게."라고 이야기한다. 그 집의 이름이 '쉐죠이'다. 영화로 시작한 그의 인생이 와인과 만나는 지점이다. 이제 〈쉐죠이〉는 훌륭한 와인들이 있고 빵과 커피까지 있는 여러 빛깔의 풍요로운 대지가 되었다.

인생을 살다 보면 '변화'를 자신의 몸에 담아야 할 때가 온다. 그것은 나쁜 것도, 좋은 것도 아니다. 그저 내 앞에 놓인 '상황'이다. 좋은 것을 담기 위해 노력하는 것이 재미있게 사는 방법 아닐까! 인생이란 파도처럼 좋을 때와 나쁠 때를 오르락내리락한다. 그래서 희망이 우리 곁에 있는 것이다.

〈쉐죠이〉의 희망을 담은 번을 잘근잘근 씹고 나서는 길이 그래서 가볍다. 내 인생의 번을 찾아 나서야겠다.

CHEZ JOEY
쉐죠이

주인장이 추천하는 와인

아르타디, 비나스 데 가인(Artadi, Vinas de Gain)

에스파냐(스페인) 리오하 와인을 대표한다. 주인장은 "적절한 바디감과 산미가 훌륭하고 균형감도 좋다. 스페인에 있을 때의 추억이 묻어 있다. 가격대비 훌륭한 맛을 지니고 있다."라고 추천 이유를 말한다. 도수는 13.5%, 포도품종 템프라닐로(Tempranillo)가 100%다.

차림표

와인 화이트 와인은 3만5천~10만 원대, 샴페인은 6만~16만 원대, 레드 와인은 3만~20만 원대 이상이다.

요리 번 2천 원, 커피 4천 원, 맥주 3천~1만2천 원 정도다.

정보

영업시간 오전 11시~새벽 1시

위치 서울시 강남구 역삼동 659-14, 역삼역 7번 출구로 나와 도보로 8분(나온 방향으로)

전화번호 02-555-8926, www.chezjoey.co.kr

맹의 한마디

와인에 대해 관심을 가지기 시작한 사람이라면 한 번쯤 꼭 가볼 만한 곳이다. 우리 와인역사에 꼭 등장하는 집이다. 와인을 흥겹게 즐기기보다는 천천히 점잖게 마시는 곳이다.

와인잔에 담긴 인생을 음미하다

Story Of Wine
스토리 오브 와인

07

예전에 한 후배가 이런 이야기를 한 적이 있다. 충청도로 여행을 가면 '말'을 잘 알아들어야 한다고. "가깝지유~ 금방이에유~"라는 말을 그대로 이해하면 안 된다고. 가을, 충청남도 홍성 남당항은 대하(새우의 일종) 철이다. 신선하고 살이 오동통하게 오른 대하를 맘껏 먹을 수 있다. 맛난 것을 찾아 길을 나선 홍성 남당항은 충청도 사람들의 인심 좋은 "가깝지유~"를 제대로 경험할 수 있는 곳이다. 가을, 남당항에서 재미있는 경험을 했다.

그곳에 가면 눈동자가 휘릭 돌아갈 정도의 대하를 구워주는 노점, 천막집, 횟집이 많이 늘어서 있다. 약 90여 집이 넘는다. 전라도 곡창지대의 평야처럼 넓다. 그 많은 집들 중에서 어느 집을 가야 할지 고민에 휩싸인다.

가족과 떠난 여행길에서 내 임무는 정말 제대로 된 맛집을 찾는 것이었다. 맛집을 찾는 비법 중에 하나는 그곳에서 터를 잡고 사는 이들에게 조심스럽게 물어보는 것이다. 돌아오는 대답이 희한했다. "새우가 다 그 새우지유~ 더 맛있는 집이 어딨시유~ 기분이 좋으면 맛있고 기분이 나쁘면 맛없지유~ 그냥 기분 좋아 보이는 주인 있는 데로 가유~." 웃음이 났다. 하지만 최고의 맛집을 고르고 싶은 의지는 꺾을 수 없었다. 다시 조심스럽게 관공서로 가서 공무원에게 물었다. "지한테 들었다고 하지 마유~ 여기보다 오천항이 나아유! 그리 가유~." 그곳의 거리가 궁금해졌다. "먼가요?" "아니어유~ 가깝지유~ 금방이에유~." 가족들을 부랴부랴 택시에 태워 오천항으로 길을 떠났다. 헉! 후배의 말은 맞았다. 택시비가 약 3만 원이 나오는 먼 거리였다. 여행은 언제나 예상치 못한 일들과 재미있는 추억, 이야기를 만든다. 와인집도 이처럼 갈 때마다 이야기를 만들면 좋겠다는 생각이 든다. 이야기를 만들기 전에 그 집의 이야기를 먼저 듣는 것도 나쁘지 않다.

서울 강남에 있는 〈스토리 오브 와인〉은 '젊은이들의 양지'다. 30대 초반 청년이 착실하게 자신의 사업을 일궈가는 곳이다. 30대 초반인데, 와인집 주인이라고? '흠! 돈이 많겠네.' 소리가 절로 나오겠지만 〈스토리 오브 와인〉의 주인은 그렇지 않다. 칵테일 바에서 일을 배워 차츰 와인의 세계에 빠져 자신의 이야기를 만들어가는 이다.

강동훈(33) 씨는 2007년 5월 4일 〈스토리 오브 와인〉을 열었다. 그는 와인 좋아하는 이들 사이에서 꽤 소문났던 작은 와인바 〈에스와인〉의 주인이기도 하다. 〈에스와인〉이 열 평도 안 되는 작은 공간에서 와인을 선보였다면 이곳은 2층이 있는 너른 공간이다. 이 공간을 여는 데 아내의 도움이 컸다. 아내 송은숙(35) 씨와는 2009년에 결혼을 했다. 두 사람은 강 씨가 와인세계에 들어서기 전에 4호선 노원역 부근에서 웨스턴바에서 일할 때 만났다. 바텐더와 손님의 관계로 만나서 의기투합, 동업을 했고 동업이 자연스럽게 결혼으로 이어졌다. 사업과 인생의 영원한 파트너인 셈이다.

강 씨는 고집이 있는 이다. 25세에 군대를 다녀와서 대학에 복학하지 않았다. 미술을 전공했지만 술의 세계에 더 심취했다. 칵테일바 〈더 플레이어〉에서 일하고 그곳에서 운영하는 아카데미에서 칵테일 만드는 법, 술과 음료에 대해 배웠다. 와인나라아카데미에서 소믈리에 과정도 밟았다.

〈에스와인〉은 자신의 배운 지식을 믿고 빚을 내서 2004년에 열었다. 그 당시에는 고생도 많았다. 실력이 부족해서 와인목록을 만드는 데 어려움이 많았는데 아카데미 선생님이 큰 도움을 주었다. 그는 〈에스와인〉의 성공요인을 "어렵지 않게 만든 것"으로 꼽는다. 칵테일바처럼 만들고자 했다. 아내인 송 씨는 기억력이 좋

초록의 풀과 갈색의 나무, 은은한 조명이 〈스토리 오브 와인〉을
더욱 따뜻하게 만들어준다.

아서 6개월 전에 온 손님도 무엇을 마셨는지까지 기억해내곤 한다. 그 기억이 친절로 이어졌다. "〈에스와인〉을 찾는 손님들은 프랑스 고급 와인보다는 칠레 등 비교적 가격이 싼 와인들을 많이 찾아서 그런 요구에 충실하고자 했다."라며 성공 요인을 덧붙인다.

지금 〈스토리 오브 와인〉과 〈에스와인〉을 합치면 작은 기업 수준이다. 두 곳에서 일하는 이들은 7명이다. 모두 2, 30대다. 그 젊은이들은 거창하게 수상 경력이 있는 것도 아니고 호텔에서 일을 하지도 않았다. 그야말로 주인부터 일하는 이들 모두 자신들의 꿈을 위해 달려가는 사람이다.

〈스토리 오브 와인〉에 가면 가장 눈에 띄는 것이 2층 벽화다. 가는 듯 길게 이어지는 선들 사이로 와인과 포도가 풍성하게 열려 있다. 작은 조명을 받은 그림은 유명갤러리 전시품과 다를 바가 없어 보인다. 일러스트레이션 화가가 그린 그림이란다. 벽화 이외의 인테리어는 '너무 무겁지 않게, 편안하게'라는 생각으로 영화사에서 일을 하는 친구의 도움을 받았다. 친구는 영화 〈호로비츠를 위하여〉(2006)의 제작 부장이었다. 그래서 이곳은 마치 영화촬영장 같다. 낮은 듯 높은 조명, 한쪽으로 흐르는 선율, 긴 바에 넘치는 사람들, 문 밖에 있는 의자와 나무들, 낭만적인 분위기의 들머리, 이곳에서 와인을 기울이면 모두가 영화배우가 된다.

이곳은 독특한 비즈니스가 있다. 단골들에게는 포인트 적립을 하고 개인 와인목록을 관리해준다. 월초에는 파스타와 피자를 무료로 먹을 수 있는 쿠폰도 발송한다. 각종 세트메뉴를 구성해서 10% 저렴하게 손님들에게 서비스한다.

강 씨에게는 한 가지 걱정이 있다. 와인은 경쟁이 심해서 어떤 시점이 되면 많은 와인바들이 정리될 거라는 점이다. 아무리 그런 시기가 와도 〈스토리 오브 와인〉만은 살아남아서 언제나 손님들

에게 "그대로네."라는 소리를 듣고 싶은 것이 강 씨의 소원이다.

　그에게 있어서 와인은 '다시 만날 수 없는 안타까움'이다. 빈티지(Vintage, 포도수확 연도)에 따라, 병을 따는 시기에 따라 절대로 같은 와인은 없다. 그는 알면 알수록 모르겠는 것이 와인이기 때문에 이곳에서 계속 자신의 인생 이야기를 펼칠 생각이다. 그의 와인 인생이 남당항에서 겪은 유머 넘치는 넉넉한 이야기이길 빈다.

Story of Wine
스토리 오브 와인

주인장이 추천하는 와인

토레스, 마스 라 플라나(Toress, Mas La Plana)

에스파냐(스페인) 와인으로 강 씨는 가격대비 훌륭한 와인이라고 평가한다. 생산자는 미구엘 토레스이고 카베르네 소비뇽이 100%이다. 미디엄 풀바디로 육류 요리에 잘 어울린다. 영화 〈색계〉를 보고 와서 어울리는 와인 주문해달라는 손님께 추천했다고 한다. 우리 말로는 '초원의 집'이란 뜻이다. 현대 에스파냐 와인산업의 대부로 불리는 미구엘 토레스가 만드는 와인이다.

차림표

와인 프랑스 와인 6, 7만~10만 원대, 신대륙 와인 4~6만 원, 에스쿠호 로호가 5만4천 원이다. 전체적으로 3만4천 원부터 수백만 원까지 있다.

요리 스파게티, 스테이크, 리조또, 샐러드, 피자 9천~2만5천원, 세트메뉴 1만5천~1만7천 원(파스타나 리조또, 하우스 와인 한 잔, 과일)

정보

영업시간 오후 5시~새벽 2시, 금, 주말 5시~새벽 4시, 추석과 설 당일만 휴무.

위치 서울시 강남구 역삼동 810-2, 강남역 7번 출구에서 교보타워 사거리 방향 (논현역 방향) 가는 길

전화번호 02-561-5705, 에스와인 02-563-9196, www.storyofwine.com

망의 한마디

와인을 즐겁게 마시기 위해 친구들과 찾는 곳. 생일축하모임이 많다. 음식은 평범한 편이다.

부암동의 **고즈넉함**을 닮은 **여유**를 만끽하다

O'wall
오월

08

〈오월〉을 처음 보았을 때 '5월'인 줄 알았다. 문득 핏빛 역사들이 눈앞을 스쳐 지나갔다. 그러다가 영문글자(O'Wall)를 보고서야 '벽'을 의미한다는 것을 알게 되었다. 주인 김현정(34) 씨는 주변이 온통 성벽이어서 커다란 벽에 둘러싸여 보호받는 느낌이 들어 음식점 이름을 그렇게 지었다고 한다. 〈오월〉이 있는 곳은 부암동이다. 최근 몇 년 사이 많은 멋쟁이 여행객들이 카메라를 메고 길을 나선 곳, 부암동. 이름이 주는 요상한 아우라가 있는 곳. 골목들이 이어지는 듯하면서 끊기고, 꼬불꼬불 숨바꼭질하기 딱 좋게 구부러져 있다. 동네 주민들은 이곳이 음기가 강해서 여느 평범한 사람이 살기가 힘든 곳이라고 말하면서 묘한 웃음을 내비친다. 서울 안에 이만한 여행지도 없다. 몇 년 전 인기를 끌었던 드라마 〈커피프린스 1호점〉에 등장한 집도 깊은 골목길 안에 자리 잡고 있다.

한참을 걷다 보면 영화 〈나니아연대기〉에 나오는 숲길이 나타난다. 오래된 방앗간은 옛 모습 그대로 자신을 지키고 있고 색다른 감각으로 치장한 카페나 연주회장도 한껏 자신의 얼굴을 자랑한다. 서울 성벽 순례길도 바로 옆에 떡하니 버티고 있어 자연이 온통 식탁의 반찬처럼 차려진 동네다. 그 동네에 〈오월〉이 있다.

〈오월〉은 파스타와 와인이 있는 작은 다락방 같은 곳이다. 부암동 인왕산 자락에 있는 통에 부서진 성곽들이 병풍처럼 〈오월〉을 싸고 있다. 아늑하다. 그 성벽들이 수호신처럼 떠받드는 〈오월〉은 알람브라 궁전처럼 빛난다. 마치 미야자키 하야오의 애니메이션 〈천공의 성 라퓨타〉 같다. 주인 김 씨도 주인공 시타를 닮았다. 화장이라고는 거의 하지 않은 맨 얼굴에 조금 어눌한 말솜씨, 자칫 불친절하다고 생각할 법도 한 그의 태도가 사실은 비단결 같은 마음 때문이라는 것을 곧 알게 된다. 차분한 손놀림에서 맛의 진실함이 느껴진다.

어딘가 투박하지만 정겹고 아기자기한 멋들을 곳곳
에서 발견할 수 있다.

풍성한 채소가 곁들여져 전혀 느끼하지 않은 파스타를 먹을 수 있다.

그는 젊은 요리사다. 2004년부터 2년간 서울 광화문에서 이탈리아 레스토랑 〈이탈리아 키친〉을 운영했다. '오너 셰프(레스토랑 소유주가 요리사 자신인 경우)'였다. 그 전에는 청담동 이탈리아 레스토랑 〈라볼파이야〉에서 요리사로 일했다.

그는 자신의 심장을 태우는 요리에 대한 애정 하나만으로 인생을 별처럼 주유한 사람이다. 대학에서 식품영양학을 공부하고 제과제빵학원을 다녔다. 늘 자신의 손으로 뚝딱 만든 요리를 친구들이나 가족들에게 선보였던 것이 그를 요리의 세계로 이끌었다. 제과제빵학원을 마친 그는 〈올리버 베이커리〉에서 본격적으로 일을 시작했다.

하지만 앎에 대한 목마름이 그를 한 곳에 머물지 못하게 만들었다. 그는 프랑스로 건너가 '르 코르동 블루'에서 착실하게 기초부터 요리를 배우기 시작한다. 젊은 나이에 쉽지 않은 선택이었다. "몇 개월 미국에서 지낸 적이 있다. 당시 디저트에 대해 많이 배웠다. 그런데 이상하게 디저트를 배울수록 메인요리를 어떻게 만들지 하는 궁금증이 생겼다." 그래서 모든 것을 접고 프랑스행 비행기 티켓을 끊었다. 양식의 기초를 배우고 싶다는 강한 욕망이 그를 낯선 땅으로 보낸 것이다.

그러나 막상 배운 프랑스 요리들이 우리네와 잘 맞지 않는다는 생각을 하게 되었다. 2003년 귀국을 해서 양식 레스토랑 세계를 살짝 들여다보니 유행이 프랑스 요리에서 이탈리아 요리로 바뀌어 있더란다. 김 씨는 그래서 부랴부랴 이탈리아 레스토랑에 들어가서 요리를 배웠다고 한다. 실상 프랑스 요리를 들여다보면 이탈리아 요리가 기초다. 와인도 자연스럽게 공부를 하게 되었단다. 양식요리에서 와인은 우리네처럼 '밥 따로 술 따로'가 아니라 식탁에서 꼭 요리와 함께 나오는 술이었다. 요리에 가장 '친친(친한 친구)'이다. '르 코르동 블루'에 다니면서 '와인코스' 수업도 들었다. 와인은 '재미있는 술'이다. 와인마다 향, 특성이 다르고 같은 와인이라도 몇 년도 산이냐에 따라 또 다른 맛이 있다. 어렵지만 알수록 매력적인 술이라는 생각이 든다. 요즘도 그는 매일 와인 한두 잔은 마신다. 요리를 공부하면서 와인도 알게 되어 너무 기쁘다고 한다.

좌충우돌 요리인생을 산 그녀는 공기 좋고 조용한 부암동에 자신의 레스토랑을 열었다. 부암동의 산세와 맑은 공기에 반한 언니가 부암동에 살기로 마음먹고 그를 데리고 집을 보러 다녔다. 그도 언니처럼 부암동에 반해버렸다. 당시에는 그저 '요리를 즐기면서 일할 수 있는 장소'가 필요했다.

그의 파스타는 알덴테(파스타 면의 심을 살려 조금은 딱딱한 상태로 면을 삶는 것)를 고집하지 않는다. 우리나라 사람들의 입맛에 맞게 더 삶는다. 어머니가 시집을 때 가져온 오목한 유리그릇에 파스타가 나온다. 촌스러운 느낌이 정감이 있어 너무 좋다. 카펠리니 면에 루꼴라 샐러드가 얹혀 나오는 〈오월〉의 파스타는 차가운

맛과 따스한 기운이 함께 녹아 있어 좋다. 어린 루꼴라 잎이 선사하는 향긋함은 이루 말할 수 없는 평온함을 선사한다. 부암동의 평화다. 짠 내가 날 듯한 순간에 토마토의 싱그러움이 강물을 박차고 올라오는 연어처럼 튀어오른다. 아삭아삭 채소 잎을 씹을 때마다 툭툭 튀어나오는 호두가 전쟁 때 헤어진 가족을 만난 듯 반갑다. 토핑의 우거진 '정글'을 포크로 헤집고 들어가면 한 번도 볕을 쬐지 않은 속살 같은 면이 쭉쭉 들려 올라온다. 잔치국수의 면보다 얇아 씹는 내내 독특함이 느껴진다.

차림표에는 '오월 파스타' 아래로 '오븐 스파게티', '새우 브로컬리크림', '까르보나라' 등 다양한 파스타와 '카프레제 샐러드' 등이 있다. 몇 가지 향긋한 커피도 있고 맥주와 '샹그릴라'(와인 칵테일)와 '제이콥 그릭', '뱅 오쇼', '빌라엠' 같은 와인들이 즐비하다.

그녀는 꿈이 많다. 피자도 차림표에 넣고 싶고 지하에 예쁜 와인저장고도 만들고 싶다. 영화 속 주인공처럼 초 하나 켜고 지하 계단으로 한걸음 한걸음 내려가서 와인을 찾아보고 맛보고 싶단다. 〈오월〉이 잘 되면 다시 길을 나설 생각이란다. 남미나 베트남으로 떠나 그 나라 음식을 공부하고 싶단다. 자연을 사랑하고 기계문명을 비판한 '천공의 성 라퓨타'처럼 〈오월〉은 당당하다.

O'wall

오월

주인장이 추천하는 와인

키안티 클라시코(Chianti Classico)

주인장은 칠레, 미국, 호주산 와인을 맛보면 신세계 와인인데도 묵직한
것이 많다고 한다. 마치 20대 아가씨가 짙은 화장을 한 것처럼 뭔가 어색
한 듯하다. 키안티 클라시코는 가벼운 듯하면서 기풍이 느껴지는 이탈리
아 와인이다. 그는 마실수록 깊은 맛에 감동한다고 추천 이유를 밝혔다.

차림표

와인 샹그릴라 8천 원, 샴페인 8만 원, 빌라엠 등 화이트 와인 3만~6만8천 원, 몬테스 알파, 키안티 클라시코 웬티, 체이콥스 그릭 등 3만4천~8만5천 원, 잔 와인 6천 원

요리 등심스테이크 2만5천 원, 오월 파스타 1만2천 원, 까르보나라 9천 원, 봉골레 9천 원, 해물리조또 등 4천~4만 원, 커피 및 음료 2천~6천 원, 맥주 4천~9천 원.

정보

영업시간 오전 11시~오후 10시

위치 서울시 종로구 부암동 314-1, 부암동사무소 바로 앞에 위치.

전화번호 02-391-4418

먕의 한마디

작고 아기자기해서 좋다. 인왕산이나 북한산을 등산하고 내려와 가볼 만한 집이다. 가격도 크게 부담스럽지는 않다. 부암동 여행객들이 꼭 들러볼 만한 집.

붉은 잔을
기울이면

그림이

된다

INDIGO
인디고

09

8명의 남자가 털썩 주저앉아 있다. 한 남자는 술을 쭉 들이켜고 한 남자는 먹을거리를 집어 입에 가져간다. 생선을 젓가락으로 휘젓고 있는 이가 있는가 하면, 나무 뒤에 숨어 이제나저제나 나갈 궁리를 하는 이도 보인다. 남정네들 머리 위로 왜가리 4마리가 날아간다. 휘휘~ 솔솔 여름 바람은 불고 걷어붙인 바짓자락은 잠 오는 어린아이의 눈처럼 스르륵 내려간다. 누런 종이 안에 펼쳐진 평화로운 이 풍경은 조선시대 풍속화가 김득신이 그린 〈강상회음(江上會飮)〉(간송미술관 소장)이다. 강가에서 펼쳐진 조선시대 남자들의 모임이다. 남자가 쭉 마시는 술은 아마도 막걸리겠지. 그 막걸리 한 잔의 안주는 물고기 한 마리다. 옛 그림 중에는 이처럼 먹을거리를 잘 묘사한 그림들이 있다.

조영석의 그림 〈지본수묵(紙本水墨)〉에는 양반인지 중인인지 알 수 없는 남자들이 소의 젖을 짜는 풍경도 담겨 있다. 재미있다. 〈강상회음〉처럼 여럿이 보며 한잔 '걸치면서' 한가롭게 '유흥'을 즐기는 모습은 연말 우리네 모습이기도 하다. 애써서 이야기보따리를 풀지 않아도 만남이 즐거운 친구들이 있다. 그런 친구를 가진 사람은 복이 있다. 평소 아끼는 지인 둘과 저녁식사를 한 적이 있는데 그때 친구가 들려준 위로가 잊을 수가 없다. "요즘 왜 이리 불안한지 모르겠다. 이유도 없이, 마치 탁자의 모서리를 걷는 것처럼 사는 게 힘들어."라고 불평하자 친구는 뜬금없이 질문을 내게 던졌다. "모서리가 영어로 뭔지 아냐?" "어, 엣지(Edge)잖아." 친구는 웃으면서 "그럼 엣지 있게 살고 있네." 하하하 웃음소리가 번졌다.

이태원의 〈인디고〉는 세계 여러 나라 사람들이 모여 〈강상회음〉을 하는 곳이다. 이국의 말이 이곳저곳에서 들리고, 웃음꽃도 천장과 바닥을 치고받는다. 소박한 분위기도 그림 속 강가를 닮았

다. 이곳은 눈물이 날 정도로 큰 수제 햄버거가 맛있는 곳이다. 이곳을 찾은 사람들은 떡 벌어지게 큰 수제 햄버거와 와인 한잔 마시면서 두런두런 이야기꽃을 피운다. 햄버거만 있는 것은 아니지만 이곳의 '엣지'는 햄버거다. 물론 〈인디고〉가 처음 문을 열 때부터 햄버거가 있었던 것은 아니다.

2007년만 해도 〈인디고〉는 조연수, 강신우 부부가 맛난 서양요리를 외국인 친구들을 위해 펼쳐 보이던 곳이었다. 지금의 주인장인 오상석(53), 오경석(51) 형제가 이곳을 맡으면서 햄버거가 차림표에 등장했다. 동생 오경석 씨는 미국에서 자신이 만든 햄버거로 꽤나 성공한 이였다. 그의 햄버거는 미국 캘리포니아 오렌지카운티에서 유명했다. 그 맛을 이곳으로 들여온 것이다. 〈인디고〉의 햄버거에 대해 오강석 씨는 "동생만의 비법이 있다. 빵이 제일 중요하다. 속과 빵이 잘 어울려야 한다. 빵은 우리가 특별하게 주문하는 분을 통해 일주일 분량만 가져온다."라고 말한다.

두 사람은 이곳 이태원 해방촌에서 나고 자랐다. 토박이인 셈이다. 약대 교수였던 아버지는 이곳에서 1970년대부터 약국을 운영했다. 오 씨와 전 주인장 강 씨는 대학 선후배 사이다. 그런 인연으로 블로거들 사이에서 '소박하고 맛나다'는 평을 듣고 있는 〈인디고〉의 전통을 이어갈 수 있게 되었다. 2008년 12월 1일의 일이다. 조연수, 강신우 부부는 이태원 소방서 뒤편에 자신들의 집, 〈루퍼스〉를 새로 열었다. 〈루퍼스〉는 공연과 연주를 할 수 있는 곳이다.

이곳의 요리사들은 조리학과 출신의 젊은이들이다. 4~5년 요리 경력이 있는 이들이다. 예전 〈인디고〉의 맛있는 요리들도 여전하다. 외국인들이 자주 찾는 '내 집 같은 곳'이다. 그래서 채식주의자인 외국인들을 위한 음식들도 가득하다. 음식 가격은 5천 원부

터 1만 원대가 많으며 이태원역 주변의 음식가격보다 싸다. 낯선 곳에서 생활하는 가난한(?) 외국인들을 위한 곳이기도 하다.

〈인디고〉의 음식에는 '건강'도 담겨 있다. 약학을 전공한 주인장은 학교에서 배운 대로 음식이 얼마나 사람의 건강에 중요한지 안다. "기름색이 조금만 검게 변해도 버린다. 산화된 기름은 독이다." 그가 가진 확고한 철학이다. 해방촌은 〈인디고〉를 따라 햄버거집이나 가벼운 음식점들이 점점 늘어나고 있다. 해방촌 풍경이 조금씩 변하는 것이다. '가볍고 부담없는 집'을 만들자는 생각 때문에 와인도 복잡하지 않다.

이곳에 가면 어떤 와인을 마실까 고민할 필요가 없어진다. 레드 와인 1가지, 화이트 와인 1가지, 스파클링 와인 1가지만 있다. "처음 어떤 와인을 준비할까 고민을 많이 했다. 동생은 술에 관해 박식했지만 와인보다는 양주나 칵테일 등이 전문이었다." 그럼 어떤 기준으로 3가지 와인을 준비했냐고? 〈인디고〉 위층에는 바가 있다, 포켓볼도 치면서 술 한잔 하는 곳이다. 이곳도 형제가 운영하며 외국인들이 많이 온다. 두 사람은 외국인 와인수입업자 친

구에게 와인을 부탁했고 그 와인들을 2층을 찾은 외국인들에게 시음하게 했다. 그들이 고른 와인들이다. 한 병 마시는 것이 부담스러운 이들은 하우스 와인 한 잔을 주문하면 된다. 가격도 저렴한 편이다. 여자는 3천 원, 남자는 5천 원을 받는다.

오 씨는 2층 술집도 자랑하기 바쁘다. "외국인들이 많이 오고 때로 낯익은 연예인들도 보인다. 하지만 연예인이라고 해서 쳐다보거나 사인을 받거나 하는 일은 없다. 그래서 이곳을 편하게 찾는 것 같다." 음악을 좋아하는 그는 때때로 2층 술집을 재즈연주자들이나 음악인들에게 연습장으로 빌려주기도 한다. 그의 처남이 재즈바 〈치어스〉를 운영했던 인연 때문이란다.

문을 열고 들어간 〈인디고〉 벽에는 멋진 벽화가 그려져 있다. 홍익대학교 미대 학생들이 그려준 것이란다. 〈강상회음〉과는 다른 풍경이지만 그림이 주는 안락함과 따스함은 비슷하다. 와인 한 잔 기울이면 그 모든 풍경이 다시 그림이 된다.

INDIGO
인디고

주인장이 추천하는 와인

그리몽(GRIMONT)/프로세코(PROSECCO)/피어로스(PIEROTH)

그리몽은 레드 와인이며 남아프리카공화국에서 생산된다. 시라즈 품종
이며 균형이 잘 잡힌 와인이다. 프로세코는 화이트 화인이며 이탈리아
에서 생산된다. 시원한 맛과 부드럽고 잔잔한 향을 느낄 수 있다. 피어로
스는 스파클링 와인이며 독일에서 생산된다.

차림표

와인 샌드위치, 햄버거 5천~9천 원, 커리 9천 원, 파스타 1만~1만4천 원, 윙 치 킨 조각 3천 원 등이다.

요리 레드 와인 6만5천 원, 화이트 와인 6만 원, 스파클링 와인 5만6천 원, 잔 와 인 3천~5천 원이다.

정보

영업시간 오전 10시~밤 11시 30분

위치 서울시 용산구 용산동 2가 46번지, 녹사평역 2번 출구로 나와 150미터 정 도 가면 나오는 갈림길에서 〈장독 파는 가게〉 방향으로 200미터 정도 쭉 올라가 면 오른쪽에 위치.

전화번호 02-749-0508

망의 한마디

화려해 보이는 이태원 자락을 벗어난 집. 양과 가 격에 비해 맛나고 푸짐해서 만족감이 높다. 해외 여행을 하지 않았지만 마치 외국의 한 작은 카페 에 앉아 있는 듯한 느낌을 가질 수 있나.

스페인의 **자유**를

먹고

마시다

MI MADRE
미 마드레

10

2차 세계 대전 당시 나치 수용소는 지상에 존재하는 지옥이었다. 전쟁은 끝났지만 살아남은 자들은 전쟁의 상처를 안고 살아가야 했다. 자기 속에서 발견한 카인의 흔적들은 육체의 고통보다 더 잔인한 고문이었다. 광기가 몰아치는 전쟁터에서 어떤 이는 살고 어떤 이는 죽었다. 그들의 삶과 죽음에 관해서 작은 이야기가 떠돈다. 살아남은 사람들의 무기에 대해서…….

누구든 사람을 죽이는 일은 쉽지 않다. 나치 군인들도 마찬가지였다. 권력자들은 그들이 아무런 죄책감도 느끼지 않고 살상을 저지르게 하기 위해 유대인들을 짐승으로 만들었다. 화장실이 없어 아무 곳에나 똥을 누는 사람들, 배고픔을 견디기 위해 자신보다 작은 아이들의 음식을 뺏는 남자들, 먹을거리를 위해 몸을 파는 여인들. 점점 짐승이 되어갔다.

이런 상황에서도 매일 아침 주는 물 한 컵을 요긴하게 쓰는 사람들이 있었다. 그들은 반 컵은 마시고 반 컵은 얼굴과 이를 닦았다. 그리고 그들은 살아남았다. 인간으로서 자존감을 지킨 이들이 그렇지 못한 사람들보다 생존한 수가 많았다. 이것이 살아남은 자들의 무기였다. 영화 〈눈먼 자들의 도시〉(2008)도 비슷한 내용을 담고 있다. 단지 신체의 그 많은 장기 중에서 눈만 보이지 않을 뿐인데, 사람들은 짐승으로 변했다.

자존감은 자신감과는 다르다. 자신의 존재에 대한 존중과 감사다. 이 자존감은 돈이나 명예에 좌지우지되지 않는 건강한 자신감이다. 자신을 사랑하기 때문에 타인에 대해서도 관대하다. 하지만 살면서 자존감이 충만한 사람을 만나기가 의외로 쉽지 않다.

이태원에 있는 〈미 마드레〉의 주인 정승원 씨야말로 자신에 대한 자존감이 '센' 이다. 그의 나이는 마흔을 훌쩍 넘겼다. 그러나 하얀 피부와 동그란 얼굴 때문에 30대 중후반으로밖에 보이지 않

작은 소품, 그림 하나하나에도 주인장의 애정이 넘친다.

는다. '완전 동안'이다.

정 씨는 '자신을 믿는 자존감'을 삶의 기준으로 삼고 있다. 그 정점에 〈미 마드레〉가 있다. 2008년 5월 이태원 녹사평역에서 경리단으로 이어지는 어둑하고 외진 길에 문을 연 이유도 자신을 믿었기 때문이다. 주방에서 자글자글 맛난 소리를 내는 그는 원래부터 요리사는 아니었다. 칼과 국자를 잡은 것은 〈미 마드레〉가 처음이다.

그의 원래 직업은 여성복 MD(Merchandiser, 상품 기획자)였다. 10년간 그 일을 했다. 패션을 전공한 것도 아니다. 명문대 식품영양학과를 졸업했지만 옷이 좋아서, 옷에 미쳐서 그 일에 뛰어들었다. 그 '바닥'에 들어가기 위해서 준비도 철저히 했다. 일본으로 건너가 패션학교를 다니면서 공부를 했다. '옷에 미친' 사람이 갑자기 왜? 왜 음식을? 그것도 에스파냐(스페인) 음식을? 〈미 마드레〉는 에스파냐 가정식 음식을 먹을 수 있는 곳이다.

이는 모두 그의 자존감 때문이다. "어느 날 '여성이 언제까지 일할 수 있을까?'라는 생각을 하게 되었다. 좋아하는 일도 지칠 때가 온다는 사실도 알았다." 그가 하던 일을 멈추고 스페인으로 떠난 이유다. 정확하게 말하면 다른 인생을 위해 철저한 준비를 하려고 떠난 길이었다. 1년간 에스파냐에 살면서 공부를 했다. 에스파냐 요리 학원도 다니고 하숙집 주인 아줌마의 음식도 배웠다. 일본에 가서 익숙하지 않은 패션공부를 시작했던 것처럼 또 미친 듯이 요리에 몰두했다.

"오래전 스페인 여행을 종종 했는데, 그냥 좋았다. 다른 유럽과 달랐다. 묘하게 아랍과 아프리카 문화가 섞여 있는 것이 마냥 즐거웠다." 정 씨는 에스파냐에서도 특히 '타파스(tapas)' 문화에 흠뻑 빠졌다. 타파스는 에스파냐에서 주요리를 먹기 전에 작은 접시에 놓고 먹는 음식이다. "스페인 사람들은 점심은 2시, 저녁은 9시

〈미 마드레〉에는 스페인의 소담한 여유와 열정이 그대로 담겨 있다.

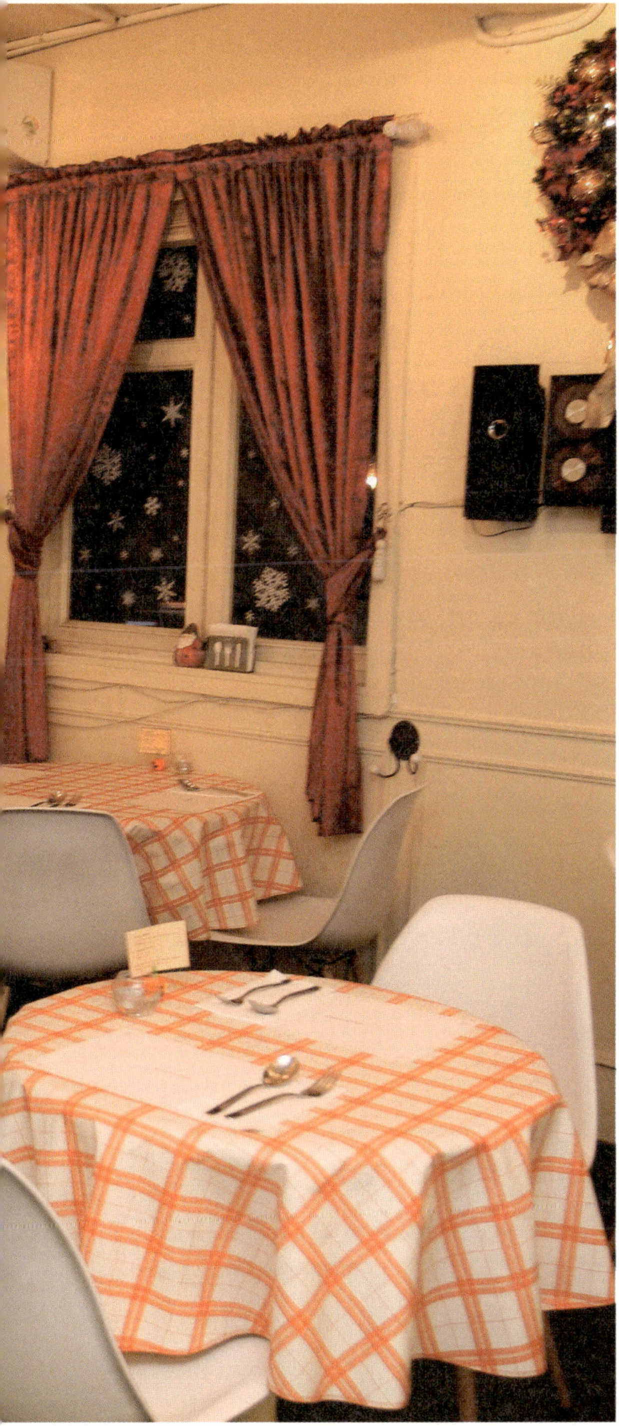

MERRY

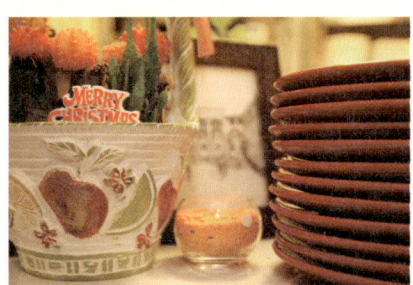

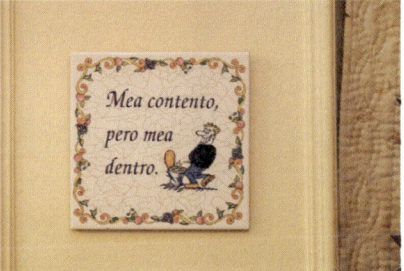

Mea contento,
pero mea
dentro.

나 10시에 먹는다. 그 중간에 타파스 바에서 와인 한잔하면서 사교생활을 한다." 그가 보고 느낀 스페인의 문화다. 그는 거대한 음식을 앞에 두고 엄청난 양을 먹고 마시는 것보다 적은 양의 음식을 친한 사람들과 소곤소곤 수다 떨면서 먹는 분위기가 너무 좋았다. "작은 접시 위에 올려진 요리를 한두 개 주문해서 먹는다. 올리브 하나, 하몽 하나와 와인 한잔으로 이야기꽃을 피운다."

그래서 그가 만든 〈미 마드레〉는 작고 아담하고 예쁘고 소박하다. 친구들과 도란도란 이야기꽃을 피우기에 더없이 좋고, 연애를 갓 시작한 앙증맞은 연인들이 큐피드의 화살을 날리기에도 좋다.

그가 만든 에스파냐 요리는 꾸밈이 없다. '꿀을 곁들인 가지튀김'은 우리네 고구마구이 위에 살짝 사랑의 꿀을 바른 듯하고 '해물, 치킨 빠에야'는 씹을수록 고소한 풍미가 입 안 가득 퍼진다. 어딘가 어설퍼(?) 보이지만 맛만은 훌륭하다. 차림표에는 '엑스트라 버진 올리브 오일과 말돈 소금(영국 천일염)을 쓰고 있습니다.'라고 적혀 있다. 꼼꼼한 주인의 정성이 돋보인다. 와인은 소믈리에의 도움을 받아 에스파냐 와인만 있다. 카바(cava)라는 에스파냐 스파클링 와인도 있다.

겨울에 이곳은 '더없이 크리스마스'다운 곳이 된다. 어딘가에 산타클로스가 숨어 있을 것 같다. 산타클로스의 탄생에 음흉한 속셈이 숨어 있다고 해도* 빨간 낭만이 주는 분위기가 가슴을 설레게 한다. 거창하지 않은 크리스마스 장식이 멋지다. 여름에는 창문을 활짝 열고 밖의 공기를 안으로 들일 수도 있다.

'나'보다 먼저 인생을 살고 고민을 해결하고 세상을 헤쳐 나가는 여성을 보면 존경심이 절로 든다. 여자라면 누구나 그러리라! 그녀의 '자존감'을 배워야겠다는 생각이 한 숟가락 빠에야를 들 때마다 입 안으로 밀려온다.

*1930년대 코카콜라 사장 로버트 우드러프(Robert Woodruff)는 여름에 매출이 떨어지자 상업용 일러스트 화가 하든 선드블롬(Haddon Sundblom)에게 '코카콜라를 위한 산타클로스'를 그려달라고 의뢰했다. 산타클로스의 유래는 니콜라스 성인으로 알려져 있다. 그는 아이를 사랑하는 성인이었다. 그러나 로버트 우드러프 때문에 지금처럼 굴뚝도 통과하기 힘들어 보이는 뚱뚱한 산타클로스가 만들어졌다.

MI MADRE

미 마드레

주인장이 추천하는 와인

쎌레스테(Celeste Ribera del Duero)

에스파냐 와인으로 블랙베리와 스파이시한 향이 일품이다. 풀바디에 과일향도 난다. 주인장은 한 모금 넘길 때마다 그 느 낌이 너무 좋다고 말한다. 너무 무겁지도 가볍지도 않다.

차림표

와인 모두 에스파냐 와인이며 총 26가지가 있다. 그중 화이트 와인은 6가지로 2만9천~21만 원이다(4~5만 원대가 많다.). 스파클링 와인은 200ml가 1만2천 원이다.

요리 타파스 5천~2만4천 원, 샐러드 9천~1만 원, 샌드위치 6만5천~7천 원, 빠에야 1만5천5백 원, 디저트 및 음료 4천~7천 원, 샹그릴라 7천 원 / 단골이나 주인장의 호기심으로 인해 새롭게 생기는 메뉴도 있으며 가격은 7천~1만8천 원 정도다.

정보

영업시간 오전 11시~저녁 10시 30분

위치 서울시 용산구 이태원2동 568번지, 녹사평 2번 출구로 나와 남산 3호 터널 방향으로 내려오면 보이는 버스정류장 맞은편 〈스탠딩 커피〉 2층에 위치.

전화번호 02-790-7875

망의 한마디

소박하고 편안해서 크리스마스에 꼭 한번 들르고 싶어진다. 사랑하는 이와 스페인 와인을 골고루 마셔볼 수 있는 곳이다. 스페인 음악이 나오며 크리스마스 때만은 톤이 낮은 캐롤송이 흘러나온다.